AF577577

DELIUS KLASING

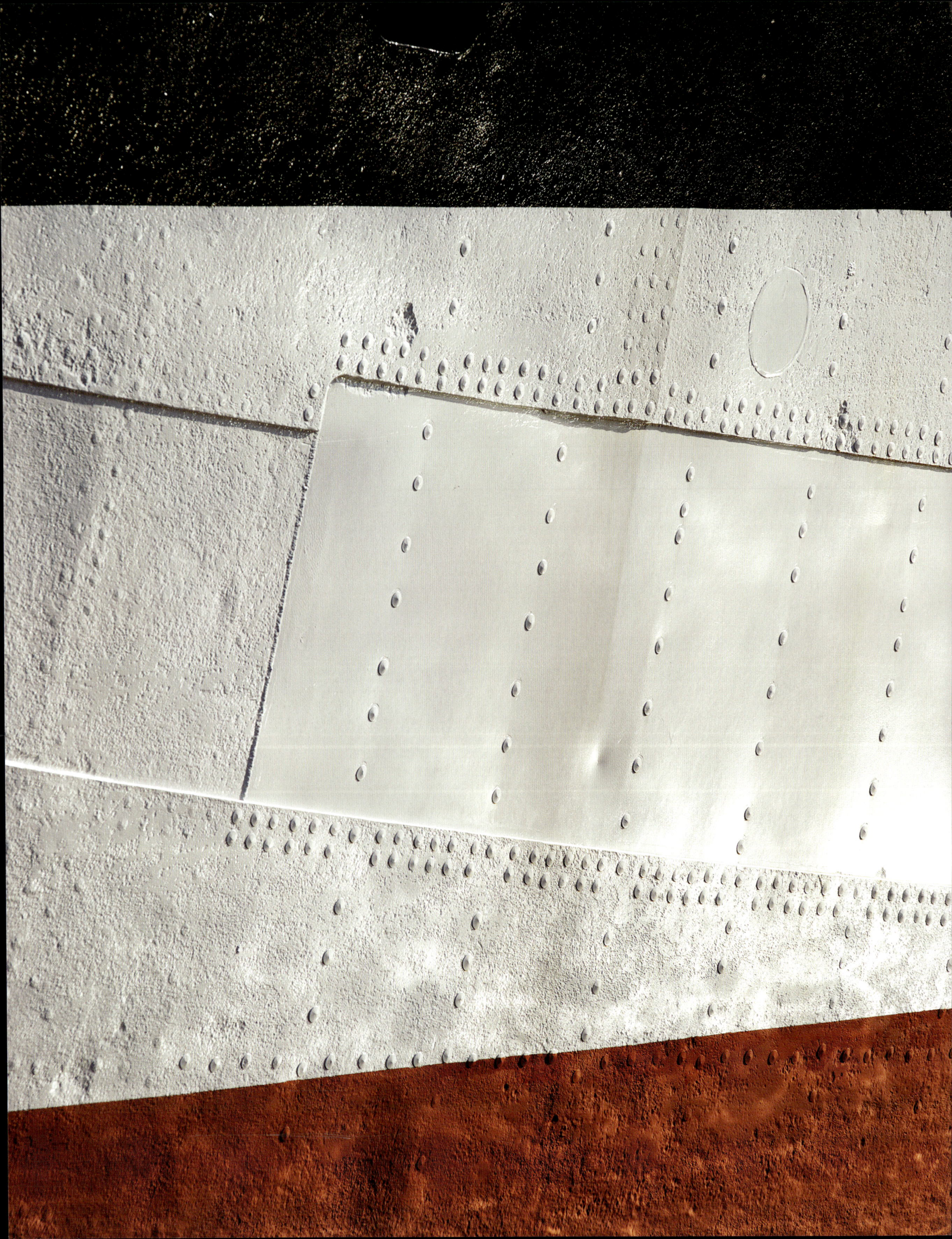

PETER-MATTHIAS GAEDE
Text

HEINER MÜLLER-ELSNER
Fotos

MICHAEL SCHAPER
Konzept und Produktion

TIM WEHRMANN
Illustrationen

PEKING

RÜCKKEHR EINER LEGENDE

DELIUS KLASING VERLAG

Schön wie vor 100 Jahren: Nach gut 30 Monaten Restaurierung liegt die PEKING im Frühjahr 2020 am Kai der Peters Werft im schleswig-holsteinischen Wewelsfleth.

Blick auf den Kreuzmast mit »Mastgarten«, Belegnägeln und Blöcken.

Blick in den restaurierten Laderaum der PEKING. Die querliegenden Rahmenspanten dienen zur Stabilisierung des Rumpfes. Für den Betrieb als Museumsschiff sind in die Mittelteile Türen geschnitten worden, durch die Besucher das meterhohe Eisengewölbe vom Heck bis zum Bug durchschreiten können.

PEKING

Im Frühjahr 2020 ist das Werk vollendet. Die PEKING liegt bereit für die Übergabe an ihren Eigentümer, die »Stiftung Historische Museen Hamburg«, die das Schiff zur Hauptattraktion des geplanten neuen Hafenmuseums machen will.

Blick von achtern auf das Kartenhaus, davor das Oberlicht für den Kapitänssalon. Auf den Decks wurden gut 1.500 Quadratmeter Oregon Pine neu verlegt.

Begleitet von einer Flotille an Booten und begeistert begrüßt von Tausenden Zuschauern am Ufer kehrt die PEKING am 7. September 2020 in ihren Heimathafen Hamburg zurück.

IN HA LT

Das Deck der wiederhergestellten PEKING mit dem frisch lackierten Ankerspill.

VOR WO RT

DIE HOHE KUNST DES SEGELSCHIFFBAUS

Es ist ein kleines Wunder, von dem dieses Buch erzählt. Denn nicht viel hätte gefehlt, und die PEKING – deren Wiedergeburt wir im Folgenden beschreiben – wäre vor ein paar Jahren abgewrackt worden. In gut vier Jahrzehnten als Museumsschiff an Manhattans Lower East Side war der 1911 gebaute Viermaster so vernachlässigt worden, dass er in großen Teilen verrostet war, sein Holzdeck an vielen Stellen vermodert. Der Eigentümer der PEKING, das South Street Seaport Museum in New York, wollte das Schiff wegen eigener Finanzprobleme um jeden Preis loswerden, und so erschienen in den Zeitungen schon Berichte darüber, wann es denn als Altmetall beim Schrotthändler enden würde.

Es kam anders, und das ist vor allem einem guten Dutzend Hamburger Enthusiasten zu verdanken, die sich über Jahre energisch für die Rückkehr der PEKING in ihren einstigen Heimathafen einsetzten – und denen es mithilfe zweier Bundestagsabgeordneter aus der Freien und Hansestadt schließlich gelang, fast 180 Millionen Euro beim Bund locker zu machen für die Restaurierung des Viermasters und die Errichtung eines neuen Hafenmuseums an der Elbe.

Es geht um Hamburgs maritimes Erbe. Nach der CAP SAN DIEGO, dem Stückgutfrachter BLEICHEN sowie zahllosen kleineren Schiffen macht nun auch die PEKING für immer in der Hansestadt fest. Und damit einer der letzten jener »Flying-P-Liner«, die mit ihrer staunenswerten Schnelligkeit und Zuverlässigkeit einst Weltruhm für die Hamburger Reederei Ferdinand Laeisz ersegelten.

Die 1911 bei Blohm + Voss in Hamburg vom Stapel gelaufene PEKING ist bei aller Effizienz ein ungemein eleganter Windjammer und steht für die hohe Kunst des Segelschiffbaus, die kurz vor Ausbruch des Ersten Weltkriegs ihre letzte Blüte erlebte. Trotz eines Ladevolumens von über 4.600 Tonnen war der Viermaster schlank und mit einer kleinen Crew so gut zu segeln, dass er zu den schnellsten Frachtseglern des Planeten gehörte.

Nur »allerbestes Material« hatte die Reederei für ihr neues »Schiff erster Klasse« bestellt, und dazu gehörten nicht nur bester Stahl und besonders feste Segel aus schottischem Tuch, sondern auch modernste Brasswinden zum Drehen der Rahen und Mahagonimöbel für den Kapitänssalon.

Immer wieder machte sich die PEKING auf die rund 11.000 Seemeilen weite Reise nach Südamerika, ehe Laeisz sie 1932 nach England verkaufte und sie 1975 schließlich nach New York kam.

Von ihrer Geschichte und dem Erfolg der Reederei handelt dieses Buch, auch von dem unfassbar harten Alltag auf Großseglern – doch vor allem erzählen wir auf den

Einer der schönsten je gebauten Großsegler: die PEKING nach Abschluss der Restaurierungsarbeiten am Kai der Peters Werft in Wewelsfleth.

nächsten 130 Seiten von den Arbeiten an der PEKING. Fast drei Jahre lang hat einer von uns dreien, Heiner Müller-Elsner, die Restaurierung mit der Kamera festgehalten. Gut 150 Mal ist er in dieser Zeit von Hamburg zur Werft nach Wewelsfleth gefahren, um dort für ein Foto den Schweißern bei ihrer funkensprühenden Arbeit möglichst nahe zu kommen – oder mit Spezialequipment festzuhalten, wie Stahlteile mit hartem Sandstrahl gereinigt wurden. Um zu verfolgen, wie Rigger in mehr als 40 schwindelerregenden Metern über Deck die Rahen wieder an die Masten anbrachten – oder zu dokumentieren, wie die Tischler das Kartenhaus auseinandernahmen, die hölzernen Einzelteile wiederaufarbeiteten und schließlich Dutzende Male einölten, bis sie mindestens ebenso schön aussahen wie einst 1911.

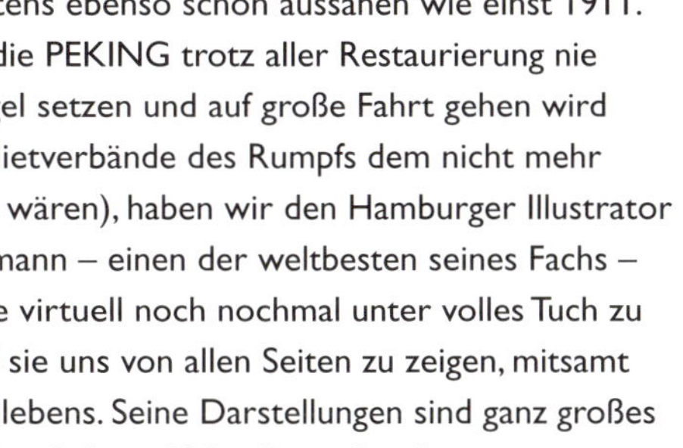

Und da die PEKING trotz aller Restaurierung nie wieder Segel setzen und auf große Fahrt gehen wird (weil die Nietverbände des Rumpfs dem nicht mehr gewachsen wären), haben wir den Hamburger Illustrator Tim Wehrmann – einen der weltbesten seines Fachs – gebeten, sie virtuell noch nochmal unter volles Tuch zu setzen und sie uns von allen Seiten zu zeigen, mitsamt ihres Innenlebens. Seine Darstellungen sind ganz großes Kino, wie Sie ab Seite 130 selbst sehen können.

Dieses Buch hatte viele Unterstützer, bei denen wir uns auf Seite 160 bedanken, aber zwei haben uns weit über das übliche Maß hinaus geholfen: Joachim Kaiser von der »Stiftung Hamburg Maritim« und Mathias Kahl vom Verein der »Freunde der Viermastbark PEKING«. Ihnen gilt unser besonderer Dank, wie auch Birgit Radebold und Jörg Weusthoff vom Verlagsteam Delius Klasing.

Anfang September 2020 ist die PEKING fast 90 Jahre nach ihrem letzten Besuch an der Elbe wieder in die Freie und Hansestadt zurückgekehrt. Ihre Heimfahrt war ein Triumph, bejubelt von Tausenden Zuschauern an den Ufern. Nun soll sie zum Glanzstück des Hamburger Hafenmuseums am Schuppen 50 werden – und in ein paar Jahren zur Hauptattraktion des für 2025 geplanten neuen Deutschen Hafenmuseums.

Jetzt aber gilt es, dem wiederhergestellten Großsegler an seinem neuen Liegeplatz in Hamburg möglichst viele Besucher zu wünschen. Damit diese Fans erleben, was wir drei erlebt haben: in den Bann der PEKING geschlagen zu werden.

Hamburg, im September 2020

Peter-Matthias Gaede
Heiner Müller-Elsner
Michael Schaper

Einmalig: Die Heimkehr der PEKING auf der Elbe.
http://tv.delius-klasing.de/peking/video.html

Peter-Matthias Gaede
Nach Sozialwissenschafts-Studium und drei Jahren bei der »Frankfurter Rundschau« kam Gaede 1983 als Reporter zu »GEO«. Von 1994 bis 2014 war er dessen Chefredakteur. »Fünfmal war ich in Chile. Aber mit der PEKING habe ich's endlich auch um Kap Hoorn geschafft.«

Heiner Müller-Elsner
Seit gut 33 Jahren arbeitet der Hamburger Fotograf für Magazine wie »GEO« und »stern«, aber die fast drei Jahre andauernde PEKING-Reportage war selbst für ihn etwas Neues – zumal auch seine Ausrüstung während dieser Zeit mehrfach »restauriert« werden musste.

Michael Schaper
Der frühere »GEO«-Reporter hat die Magazine »GEO EPOCHE« und »GEO kompakt« gegründet sowie 15 Jahre lang weitere Heftreihen der »GEO«-Gruppe als Chefredakteur geführt. »Erst während der Arbeit an diesem Buch ist mir klar geworden, wie hart der Alltag auf den Großseglern war.«

UNTER VOLLEN SEGELN

Am 25. Februar 1911 läuft bei der Hamburger Werft Blohm & Voss die PEKING vom Stapel, ein Segelschiff ohne Motor, in Auftrag gegeben von der Reederei Ferdinand Laeisz. Der Viermaster ist einer der legendären »Flying-P-Liner«, deren Namen nach Laeisz-Tradition stets mit einem »P« im Namen beginnen und zu den schnellsten Frachtseglern ihrer Zeit zählen. Bis 1932 umsegelt die PEKING 34 Mal das sturmgepeitschte Kap Hoorn und lädt in Chile Salpeter, den begehrten Grundstoff für Dünger (und Sprengstoff). Sie übersteht Hurrikans, Wirtschaftskrisen, Seeblockaden und zwei Weltkriege, ehe sie schließlich zum Museumsschiff wird. Doch dann droht die Schrottpresse.

Oft zweimal im Jahr macht sich die PEKING von Hamburg aus auf die rund 11.000 Seemeilen lange Reise nach Chile, um dort Salpeter zu laden.

FL
PEKING

Text: **Peter-Matthias Gaede**

MINDESTENS 70 SEGELSCHIFFE hat die Hamburger Reederei Ferdinand Laeisz schon bauen lassen oder erworben, als sie im Jahre 1909 der Werft Blohm & Voss den Auftrag erteilt, die PEKING auf Kiel zu legen: eine Viermastbark mit einer Segelfläche von 4.100 Quadratmetern und einer Tragfähigkeit von rund 4.600 Tonnen. Und einem Großmast, der sich gewaltige 57 Meter über die Wasserlinie erheben soll.

Die PEKING – Rumpflänge 106 Meter, Breite 14,4 Meter – ist nicht der erste Laeisz-Segler aus Stahl; das war bereits die 1887 vom Stapel gelaufene PROMPT.

Sie wird auch nicht das größte Laeisz-Schiff auf den Meeren, auf denen seit 1895 schon die Fünfmastbark POTOSI kreuzt sowie seit 1902 die PREUSSEN, ebenfalls mit fünf Masten ausgestattet: beide länger, breiter und mit mehr Segelfläche.

Und doch wird die PEKING kein gewöhnliches Kapitel in der Geschichte der legendären Frachtsegler schreiben. Noch über die Hochphase des Salpeterhandels zwischen Chile und europäischen Häfen hinaus gehört sie zu den bald international bewunderten »Flying-P-Linern«: zu jenen nach Laeisz-Tradition mit dem Anfangsbuchstaben »P« im Namen fahrenden Schiffen, die für kluge Konstruktion, ausgesuchte Kapitäne, erstklassige Mannschaften und Schnelligkeit stehen.

Zwischen 1911 und 1932 wird die PEKING insgesamt 17 Mal die rund 11.000 Seemeilen lange Strecke an die Westküste Lateinamerikas und zurück bewältigen, 34 Mal das als Schiffsgrab berüchtigte Kap Hoorn umrunden. Vor allem aber: Anders als die meisten ihrer Schwesterschiffe wird sie ein Nachleben haben, das auch 2020 noch nicht beendet ist.

Was die PEKING so erfolgreich und verlässlich machen wird, ist bereits in jener »Bauvorschrift eines stählernen Viermast-Bark-Schiffes« angelegt, mit der sich die Arbeiter der Werft in Hamburg-Steinwerder am 20. April 1910 unter »Baunummer 205« ans Werk machen müssen. Nur »allerbestes Material«, heißt es darin, sei für das gewünschte »Schiff erster Klasse« zu verwenden. Und damit sind weit mehr als der »weiche Siemens-Martin-Stahl« für den Schiffsleib gemeint, die Takelage (»aus bestem verzinkten westfälischen Stahldraht«), die 56 Segel (möglichst »Sturm«-Tuch Edinburgh Ropery), die »mageren Darien Pitch Pine-Planken nach Reeders Wahl« für das Brückendeck. Sondern auch die Möbel des Salons (Mahagoni), die von der Reederei zu genehmigenden Stoffe für die Polster, die Fußböden im Badezimmer (Mettlacher Fliesen) oder die »Sitz-Aufklappdeckel« aus Teak in zwei Klosetts.

Dutzende Seiten lang ist allein die Liste für die geforderte Ausstattung der PEKING jenseits der Order für Luken und Kettenkasten, Bemastung und Steuerapparatur, Vernietung und nautische Instrumente – bis hin zum Haarsieb des Stewards. Für die zwei Logis für jeweils zwölf Mann unterhalb der Offiziersebene werden »je ein Ofen« sowie ein »Ventilationsrohr« erwartet. In den Proviantkammern »4 Trommeln aus verzinktem Eisenblech für je 100 Kilo Erbsen«, fürs Frischfleisch zwei »Schweinehocke, aus Eisen gefertigt« sowie ein »Hühnerhock«. Auch bestes Schiemannsgarn sowie vier Tintenfässer, eine Hai-Angel und eine Harpune, ein Giftschrank, sechs Spucknäpfe, zwei Korkenzieher, zwei Zuckerdosen und zwölf Eierbecher.

Selbst den Spiegel in »poliertem, stilvollen Rahmen« für den Salon vergisst die Reederei nicht unter den Posten aufzuzählen, die »zur vollständigen seefähigen Ausrüstung des Schiffes notwendig« sind. Ob es die zwei »geschliffenen Karaffen« und die »2 Dtz. Sherrygläser« immer heil um Kap Hoorn geschafft haben, ist nicht überliefert.

Unter Kapitän Jochim Hans Hinrich Nissen läuft die PEKING 1911 mit 33 Mann Besatzung erstmals nach Chile aus, Zielhafen Valparaiso. 74 Tage wird sie für die Fahrt dorthin benötigen – gemessen, wie damals üblich, ab Lizard Point an der südwestlichen Spitze Englands. Und 86 Tage zurück, dann jedoch beladen mit 4.586 Tonnen Salpeter an Bord.

Einen Toten, den 19-jährigen Matrosen Ernst Nietzke, gibt es bereits bei dieser Jungfernfahrt. Doch mehr Worte werden darum gemacht, wie gut sich die PEKING gegen die fast gleichzeitig gestartete, mit fast 1.000 Quadratmetern mehr Segelfläche ausgestattete POTOSI schlägt.

TROTZ DER KONKURRENZ DURCH DIE SCHNELLEREN DAMPFER IST DER SALPETERTRANSPORT AUF SEGELSCHIFFEN NACH WIE VOR EIN LOHNENDES GESCHÄFT. DAHER GIBT ES UM 1900 NOCH IMMER GUT 2.300 GROẞSEGLER WELTWEIT.

Ein halbes Dutzend Segelschiffe liegt an Duckdalben im Hamburger Hafen. Wenn alles gut läuft, haben sich die Baukosten für ein Schiff nach zwei Salpeterfahrten amortisiert.

VIELE BESONDERHEITEN VON DIESER FAHRT sind sonst nicht beschrieben worden. Sie werden es aber von einer anderen Tour der PEKING nach Chile: jener, für die sich am letzten Freitag im November des Jahres 1929 der Amerikaner Irving McClure Johnson an Bord begibt. Was er von dieser Reise berichtet, wird zu einem weit über sie hinausreichenden Zeugnis von den Verhältnissen in der Seefahrt zu dieser Zeit. Zu einer Hommage an die Männer, die sie betreiben. Und zur Charakterstudie eines jener Kapitäne, die so typisch sind für die Kerle, die unter der Laeisz-Flagge das Kommando haben.

Die PEKING hat da schon Starkwetter und Flauten hinter sich, die nicht von Tiefdruckgebieten und Strö-

Blick übers Deck eines Windjammers. Die PEKING ist mit Bugspriet 115 Meter lang, 14,40 Meter breit und hat eine Tragfähigkeit von rund 4.600 Tonnen.

Gut 17 Knoten Höchstgeschwindigkeit erreicht die PEKING (hier ihr baugleiches Schwesterschiff PASSAT), das sind fast 32 km/h. Nur die schlanken amerikanischen Teeklipper sind ähnlich schnell. Aber die können viel weniger laden und haben 100 Mann Besatzung – dreimal so viel wie ein Laeisz-Segler.

mungen bestimmt worden sind, sondern von der politischen Geschichte.

Als der Erste Weltkrieg Anfang August 1914 beginnt, überquert die PEKING gerade auf ihrer fünften Fahrt nach Chile den 50. südlichen Breitengrad im Atlantik, den Eingang in die Kap-Hoorn-Zone. Am 12. August liegt sie auf Reede vor Valparaiso – und wird dort nach Löschen der Ladung vom neutralen Chile festgesetzt. Noch über das Kriegsende hinaus, bis 1920, ankert sie vor Valparaiso. Dann muss sie nach dem Vertrag von Versailles als Reparationsleistung an die Siegermächte abgeliefert werden, wie fast sämtliche Schiffe der Reederei Laeisz. Sie soll an Italien gehen, segelt allerdings nach Großbritannien, weil Italien keine Verwendung für das Schiff hat. Liegt weitere Jahre in London fest, bevor es der Reederei 1923 gelingt, den Viermaster für 8.500 englische Pfund Sterling zurückzukaufen.

Noch im gleichen Jahr nimmt die PEKING ihre regelmäßigen Salpeterfahrten wieder auf. Bei ihrer sechsten Reise verliert sie sechs Mann durch Desertion in Chile, bei ihrer siebten stirbt ein 16-jähriger »Jungmann« beim Sturz aus dem Besanmast, bei der 13. ertrinkt ein weiterer, ein 18-Jähriger, bei Brighton im Englischen Kanal.

Es ist das Jahr, in dem der Princeton-Absolvent Irving Johnson gemeinsam mit einem Freund auf dem Schiff anheuert. Er wird ihm mit seinem 1932 erscheinenden Buch »The Peking battles Cape Horn« ein Denkmal setzen.

Johnson, in Massachusetts geboren, 24 Jahre alt, ist von Jack Londons und Joseph Conrads Romanen beeinflusst, will das Abenteuer. Er ist kein Greenhorn mehr, als er nach Hamburg reist, hat auf Dampf- und Frachtschiffen der US-Handelsmarine gedient. Und er ist sportlich, kann Klimmzüge an einem Finger machen, hat sein Gleichgewichtsgefühl für das Setzen und Reffen der Segel sogar bei skurril anmutenden Übungen auf einem schwankenden Telegraphenmast trainiert. Johnson will arbeiten, nicht faulenzen an Bord. Trotzdem bezahlt er für die Fahrt.

DIE SCHNELLSTEN »FLYING-P-LINER« JAGEN IN WENIGER ALS 60 TAGEN VOM ENGLISCHEN KANAL NACH CHILE – UND LEGEN BINNEN 24 STUNDEN BIS ZU 380 SEEMEILEN ZURÜCK.

Und auch eine andere Einnahmequelle hat die Reederei da in der zweiten Hälfte der 1920er-Jahre für sich erschlossen: Sie hat das Poopdeck, den hinteren der drei Decksaufbauten, um zehn Meter verlängern lassen, um zusätzliche Unterkünfte für Schiffsjungen zu schaffen. Das Lernen auf frachtfahrenden Segelschulschiffen, zwei Jahre lang, ist zu dieser Zeit in Deutschland noch obligatorisch für alle, die später auf Schiffen aller Art, nicht nur Segelschiffen, Steuermann, Offizier oder Kapitän werden wollen.

Zum Kapitän, den vier Steuerleuten, den fünf Matrosen, zu Bootsmann, zwei Köchen, Steward, Segelmacher, Zimmermann, Schmied und einem Funker kommen also auch 54 Kadetten im Alter zwischen 15 und 24 an diesem Novembertag 1929 in Hamburg an Bord. Und neben einigen Hundert Tonnen Koks auch 50 für Chile bestimmte Porzellantoiletten. Zudem drei lebende Schweine, ein Dutzend Hennen und ein Truthahn für die Selbstversorgung an Bord.

Das Kommando hat ein hünenhafter, Pfeife rauchender Mann mit rostrotem Bart, fast zwei Meter groß, 218 Pfund schwer und mit riesigen Pranken ausgestattet: Max Heinrich Jürgen Jürs, 1881 in Elmshorn geboren, Spross einer Familie, die auf oder von Schiffen schon seit Generationen lebt.

Jürs ist schon als 16-Jähriger auf dem Frachtsegler PIRAT im Dienste der Reederei Laeisz um Kap Hoorn gefahren. Als Kapitän der PEKING startet er nun seine vierte Reise nach Chile, wo sein Bruder Johann Heinrich als 19-jähriger Matrose an einer Beulenpest gestorben ist.

Für sein Abenteuer auf einem Segelschiff hätte sich Johnson kaum einen erfahreneren Kapitän aussuchen können – erfahren auch mit Katastrophen aller Art: Bei der Strandung der PREUSSEN 1910 an den Klippen von Dover war Jürs als Erster Offizier an Bord. Mit der PAMIR hat er, inzwischen Kapitän, den Ersten Weltkrieg im kleinen neutralen Hafen Santa Cruz auf der Kanareninsel La Palma verbracht. Eine quälende Wartezeit, in der drei Matrosen an Grippe starben, andere abmusterten, wieder andere meuterten – und Jürs am Ende nur 17 der ehemals 32 Besatzungsmitglieder blieben.

1920 schließlich hatte er auf der Jungfernfahrt der PRIWALL 200 fremde Seeleute zu den über 50 noch immer in Chile festliegenden Schiffen der deutschen Handelsflotte zu befördern, fünf davon gehörten Laeisz. Nur seine 34-köpfige Stammbesatzung hielt dabei zu Jürs, als noch vor Kap Hoorn ein Aufruhr an Bord ausbrach. Trinkwasser wurde gestohlen, die Herausgabe von Speck, Käse und Corned Beef verlangt, Gewalt lag in der Luft. Jürs steuerte daraufhin Montevideo an und setzte die Meuterer dort an Land.

Karrieren wie diese bringen keine zartbesaiteten Charaktere hervor. Im ersten Sturm, der die PEKING erfasst, noch in der Nordsee, wird Johnson Zeuge, wie der fluchende Jürs auf einen Steuermann eindrischt – es wird nicht der letzte Wutanfall des Kapitäns auf dieser Tour sein. Gern wirft er unerfahrenen Seeleuten einen Schuh ins Kreuz, haut sie zu Boden oder schlägt ihnen die Mütze vom Kopf, wenn sie nicht verstehen, was er angeordnet hat.

Auch als Arzt, den er qua Funktion als Kapitän bei Brüchen, Quetschungen und anderen häufigen Verletzungen an Bord geben muss, agiert Jürs rabiat. Furunkel schneidet Jürs »mit wahrer Wonne«, wie einer Tagebuchaufzeichnung zu entnehmen ist. Ohne Betäubung natürlich und mit Benzin zur Desinfektion.

Nur: Zugleich beherrscht er sein Handwerk wie kaum ein anderer. Er ist wie eine Lebensversicherung für die Crew, bringt sein Schiff durch alle Stürme.

EIN BESONDERS HEFTIGER ORKAN TRIFFT die PEKING auf ihrer 14. Chile-Reise mit Johnson an Bord. Doch nicht erst am Kap Hoorn. Nicht erst am größten Seglerfriedhof der Meere, wo 400 Schiffe begraben liegen, 10.000 Männer ihr Leben gelassen haben. Sondern schon vor der Durchfahrt durch den Englischen Kanal.

Es geschieht nur wenige Tage, nachdem sie in Cuxhaven noch letzte Ladung aufgenommen hat, die das Hauptdeck an seinem niedrigsten Punkt nun gerade noch anderthalb Meter über das Wasserniveau drückt. In der Nordsee schon beweist sich, was nicht nur nach Johnson einen guten Seemann ausmacht: Mit einer Hand habe er sich zu sichern, mit der anderen aber unter allen Umständen das Schiff. Oder, noch deutlicher: »Arbeite für das Schiff, solange noch ein Rest von Leben in dir

IMMER GRÖSSER, IMMER SCHNELLER

Vom schlanken Teeklipper bis zum Containerriesen: 150 Jahre Evolution des Schiffbaus.

CUTTY SARK: Dreimaster (GB, 1869). 85 m lang, 11 m breit. 1.700 tdw (Ladetonnage). 43 Segel, 3.000 m² Segelfläche. 17,5 Knoten.

PREUSSEN: Fünfmast-Vollschiff (D, 1902). 147 m lang, 16 m breit. 8.000 tdw. 30 Rahsegel, 6.808 m² Segelfläche. 20,5 Knoten.

PEKING: Viermastbark (D, 1911). 115 m lang, 14 m breit. 4.600 tdw. 18 Rah-, 16 Stagsegel. 4.100 m² Segelfläche. 17 Knoten.

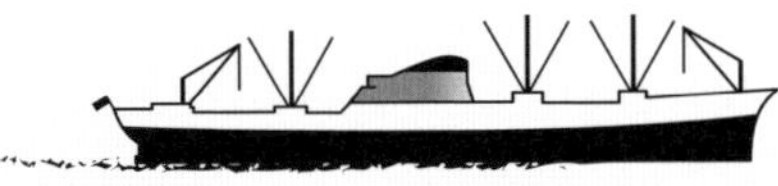

CAP SAN DIEGO: Stückgutfrachter (D, 1961). 159 m lang, 21 m breit. 10.000 tdw. Dieselmotor, 16.650 PS, 19 Knoten.

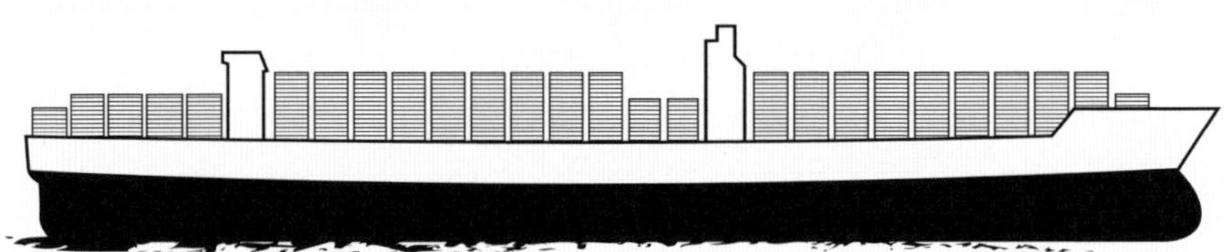

MARCO POLO: Containerschiff (F, 2012). 396 m lang, 54 m breit. 187.625 tdw. 16.000 Container Ladekapazität, Dieselmotor, 108.878 PS. 24 Knoten.

ist.« Und das muss die Crew der PEKING. Dabei hat Jürs sie, einem Aberglauben folgend, zunächst ankern lassen, weil er an einem Freitag keine Reise begonnen haben will, die in die offene See hinausführt.

Es nutzt nichts. Der Sturm peitscht so stark, dass die Männer kaum damit nachkommen, in den sechs Stockwerken an den drei Hauptmasten die Segelbefehle auszuführen. Dem unverändert begeisterten Johnson, der sich auf solche Kämpfe ja gerade freut, erzählt der Segelmacher von einer Fahrt im Jahre 1924, die ebenfalls an einem Freitag begann – und wenige Tage darauf mit einem gebrochenen Ruder und dem Tod der halben Mannschaft endete.

Nun, Ende November 1929, frischt der Wind derart auf, dass er die Hühner von Bord wehen würde, ließe man sie frei herumlaufen. Schnell ist nicht mehr klar, ob sich die PEKING 30 oder 40 Meilen entfernt von der gewünschten Position befindet. Statt in den Kanal wird das Schiff in die offene Nordsee zurückgetrieben. Wie verrückt arbeiten die Männer in der Takelage, bis zu vier Mann halten das Steuerrad, der Segelmacher prophezeit den Untergang, ein Schwein ertrinkt an Bord in den überschäumenden Brechern, das Vorstengestag bricht. Sturzbäche ergießen sich aus dem Himmel, die Sicht liegt bei gerade noch wenigen Metern.

Im Brüllen der See sind die Kommandos kaum noch zu hören, überkommendes Wasser macht Männer auf dem Deck zu Schwimmern. Nach zehn Tagen in diesem Inferno dann die niederschmetternde Entdeckung, dass es die PEKING kaum geschafft hat, sich in Richtung Westen voranzubewegen.

»Seelen-Auspeitschung« nennt das Johnson, der, wie alle Matrosen an Bord, mit völlig durchnässter Kleidung in die Koje geht, um sie im Schlaf mit seiner Körperwärme notdürftig zu trocknen. Und nach Möglichkeiten sucht, sein Ölzeug so am Hals festzuzurren, dass ihm das eisige Wasser nicht immer den Rücken hinunterläuft.

Am dreizehnten Tag nach der Ausfahrt bricht die Radio-Antenne für den Funker, die See neigt das Schiff um bis zu 35 Grad, eine heiße Kaffeekanne ergießt sich in den Nacken des Stewards. Auf Höhe Amsterdam lässt Jürs nach Schleppern rufen. Was, wenn sie denn kämen, bedeuten würde, dass den Rettern der halbe Wert des Schiffes inklusive seiner Ladung zustehen würde. Aber die Schlepper können die raue See nicht bewältigen, die PEKING treibt auf die holländische Küste zu. Bei Windstärke zwölf. Orkan.

Fast 70 Schiffe havarieren in diesem Sturm, dem schlimmsten seit bald einem halben Jahrhundert, in dem sich der Kurs der hin und her geworfenen PEKING, wie im Kartenraum zu verfolgen, nach Johnsons Eindruck »wie ein chinesisches Puzzle« liest.

Erst am 16. Dezember 1929, fast drei Wochen nach dem Start in Hamburg, schafft es der Viermaster nach einer fast wundersamen Wende weniger als drei Seemeilen vor Holland, Fahrt durch den Kanal aufzunehmen.

MEHR ALS 20 ERSATZSEGEL HAT DIE PEKING AN BORD. AUCH WÄHREND DER FAHRT MÜSSEN DIE MATROSEN NEUE ANFERTIGEN.

»Still wie auf einem Friedhof« ist es erst einmal, wie Johnson beobachtet. Aber an den Nachmittagen gibt es Zeit für einen Kaffee, in guter Laune steckt ein Matrose den dauernd beißenden Mischlingshund des Kapitäns in das Schweineverließ, es gibt Suppe mit Rosinen.

NOCH DREI WOCHEN NACH DER AUSFAHRT aus der Elbe hat die PEKING keinen guten Wind. Voranzukommen bleibt mühsam. Immerhin: Weihnachten naht. Für fünf Tannen hat die Reederei gesorgt, auch für Äpfel an Bord, Nüsse, getrocknete Bananen und 2.000 Plätzchen. Zwei Männer haben eine Violine dabei, zwei ihr Akkordeon. Alle singen, bevor sie die bis dahin nicht angerührten Päckchen ihrer Familien öffnen. Johnson kommen die Männer in diesem Augenblick »wie in Trance« vor.

Jürs schneidet einem Matrosen dessen nach seiner Meinung zu langen Haare ab. Der Mann hat gepfiffen, und der Kapitän glaubt, Pfeifen an Bord beschwöre übles Wetter, im schlimmsten Fall eine Havarie. Anschließend wird der Rasierte für zwei Stunden zur Buße auf die Royal-Rah, die oberste am Großmast, geschickt. Die anderen trocknen derweil ihre Kleidung.

Am 26. Dezember erfasst eine frische nordöstliche Brise das Schiff, und es beginnt das, was Johnson als »glorious sailing« durch klares, blaues Wasser mit silbernen Wellenkämmen beschreibt: an den Kanarischen Inseln vorbei, über den nördlichen Wendekreis in 3.000 Seemeilen tropische Gewässer hinein.

Die PEKING macht zwölf Knoten. Aber noch wird es dauern, bis sie sich in jene Zone bewegt, in der Laeisz-Kapitäne Geschwindigkeitsrekorde aufstellen. Die werden in Etmalen gemessen, der zurückgelegten Wegstrecke vom Mittag des einen Tages bis zum Mittag des Folgetages. Etmale sind am eindrucksvollsten, wenn es um viele aufeinanderfolgende Tage geht. Die 133 Meter lange POTOSI hat schon 1900, mit 6.500 Tonnen Ladung an Bord, einen Rekord aufgestellt: 1.606 Seemeilen in fünf Tagen, 378 allein in den besten 24 Stunden. Auf Viermastern aber ist auch Jürs ein Tempomacher.

Erst einmal hat die Crew der PEKING nun einige Tage Zeit für Instandsetzungsarbeiten in der Takelage, teert

Selbst bei drohendem Sturm steigen die Matrosen auf eine der 18 Rahen, um die Segel zu reffen – oder um in den Wanten zu arbeiten (hier die finnische Bark MOSHULU).

Fugen, ölt Winden und Kurbeln. Einige Männer betreiben Tampenkunde mit den Schiffsjungen, lassen sie die Namen wenigstens der wichtigsten unter den mehreren hundert verschiedenen Leinen lernen. Rennen sie zur falschen, setzt es Tritte oder kleine Schläge mit einem Tau.

Irving Johnson nimmt sich Zeit, den Kaffeekonsum des Kapitäns zu notieren, 15 bis 20 Tassen am Tag, und zu beschreiben, womit sich einige Männer zwischendurch vergnügen: Einer nagelt einen fliegenden Fisch, der sich an Bord verirrt hat, auf ein Brett. Einer schießt mit einer Pistole auf Delfine. Auf dem Speiseplan: süße Suppen mit Trockenfrüchten und Gerste, steinharter Schinken. Und ein irgendwie haltbar gemachtes Schweinefleisch, noch nicht von den erst später geschlachteten Sauen an Bord: eine kränklich anmutende weiße Masse in einer Lake, glibberig wie Gelatine. Nur mit »sehr vielen Kartoffeln« über die Zunge zu befördern, wie Johnson schreibt.

Dann: Flaute. Zwei Tage lang macht die PEKING höchstens eine Seemeile pro Stunde. Aber zumindest regnet es heftig, was die Frischwassertanks auffüllt. Und der Sonntag darf als Sonntag verbracht werden. Vom Netz unter dem Klüverbaum vor der Bugspitze aus harpunieren die Männer die jetzt häufiger auftauchenden Bonitos. Das Acht-Mann-Orchester spielt an Deck, die Männer singen. Johnson studiert ihre schartigen, aufgeplatzten, von der Arbeit an Segeln und Tauen wunden Hände.

IN DEN WINDÄRMEREN ZONEN WERDEN DIE ALTEN SEGEL GESETZT. ERST VOR KAP HOORN ORDNET DER KAPITÄN AN, NEUERES, FESTES TUCH HERVORZUHOLEN.

Die Äquatortaufe, jenes legendär raue Spektakel, bei dem die untersten Ränge an Bord brutalen Scherzen ausgeliefert werden – fällt aus. Jürs mag sie nicht, hat die Erfahrung gemacht, dass die Vorgänge bei dieser Quälerei der »Täuflinge« nach der Rückkehr in Deutschland nicht selten die Gerichte beschäftigen (siehe Kasten

EINE FLÄCHE VON 4.100 QUADRATMETERN

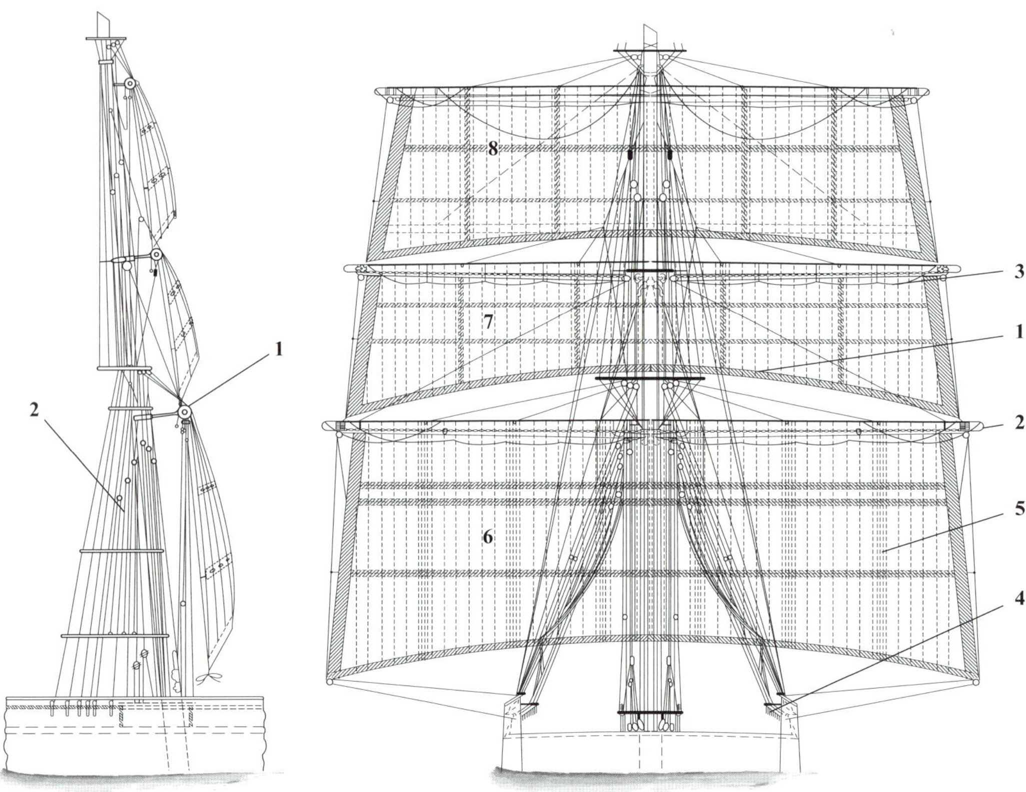

Von Steuerbord aus gesehen:

1 Man erkennt, wie die Rahen drehbar am Mast befestigt sind.
2 Geitaue zum Reffen der Segel
Der Querschnitt zeigt den »Bauch«, die Segelwölbung zum besseren Auffangen des Windes. Der Mast ist etwas nach hinten geneigt.

Von achtern aus gesehen:

1 Saling: Halbmondförmige Plattform am Mast
2 Rah-Nock: Ende einer Rah
3 Fußpferd: Drahtseil unter der Rah als Halt für die Füße der Matrosen
4 Nagelbank: Reihen von Belegnägeln zum Befestigen von Tauwerk
5 Gestrichelte Linien: Nähte der Tuchbahnen, aus denen das Segel zusammengesetzt ist
6 Fock, Großsegel oder Bagien
7 Untermarssegel
8 Obermarssegel

Seite 85). Und überhaupt ist er nicht nur der grobe Klotz, als der er erscheint. Man erzählt sich, dass es ihn graust, bei Seebestattungen anwesend zu sein. Und dass er sich beim Schweineschlachten unter Deck verkriecht, um die Schreie der Tiere nicht zu hören.

Auf der Höhe von Pernambuco, Brasilien, ist die Fahrt so ereignislos, dass Johnson vom Kartoffelsortieren an Bord erzählt. Dann aber, die PEKING segelt vor Argentinien, beginnen die Vorbereitungen auf die Kap Hoorn-Umrundung. Es wird die 52. des Kapitäns sein, von insgesamt 66. Die Lukenplanen werden aufgenommen, die Lukendeckel dicht kalfatert wie ein hölzernes Boot, Roststellen beseitigt.

Noch aber bleibt Zeit zum Angeln und Harpunieren. Die Männer ziehen Haie an Bord und schlachten sie dort martialisch. Das Öl aus der in der Sonne getrockneten Leber der Tiere soll die zerrissene Haut auf den Händen der Seeleute heilen. Die Pupillen der Haie werden später so härten, dass sie sich als Manschettenknöpfe eignen.

Solche Wiederverwendung bestaunt Johnson auch an Bord: Noch 20 Jahre alte Leinwandfetzen würden gepflegt, noch Schnüre, Drähte, Taue aufbewahrt, wenn sie nur länger seien als 15 Zentimeter. Was der Reederei-Philosophie nicht widerspricht, ihre Schiffe im Top-Zustand zu halten.

ENDE JANUAR 1930 PFLÜGT DIE PEKING durch eine Zone weit draußen vor der Mündung des Rio de la Plata, als die Crew beginnt, vor der Kap-Hoorn-

34 SEGEL AN VIER MASTEN

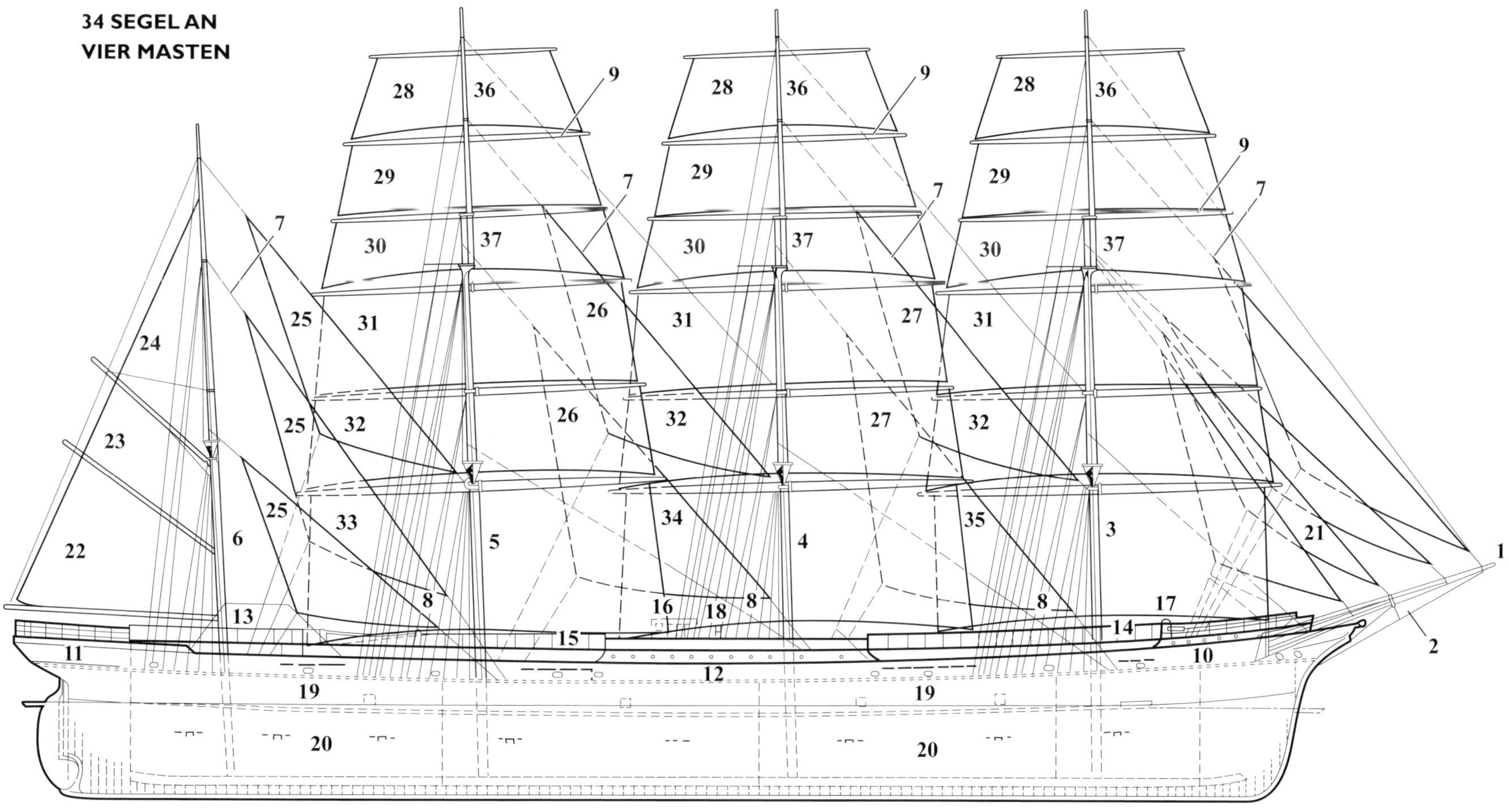

1 Bugspriet
2 Klüvernetz
3 Fockmast
4 Großmast
5 Kreuzmast
6 Besanmast
7 Stage
8 Wanten
9 Rahen
10 Back
11 Poop
12 Brückendeck
13 Rettungsboote
14 Vordere Laufplanke
15 Achtere Laufplanke
16 Kartenhaus
17 Positionslaternen
18 Steuerrad
19 Speigatten
20 Laderaum
21 Vorsegel/Klüver
22 Unterbesan
23 Oberbesan
24 Besantopsegel
25 Besanstagsegel
26 Kreuzstagsegel
27 Großstagsegel
28 Royalsegel
29 Oberbramsegel
30 Unterbramsegel
31 Obermarssegel
32 Untermarssegel
33 Bagien
34 Großsegel
35 Fock
36 Stenge
37 Saling

AUF DER ROYAL-RAH ARBEITEN DIE MÄNNER IN GUT 40 METER HÖHE ÜBER DEM DECK. NICHT SELTEN STÜRZT EINER AB.

Passage die Ladung zu sichern und Halteleinen auf dem Vordeck festzuzurren. Sie überprüft auch die »Leichenfänger« – jene Netze, die verhindern sollen, dass über die Verschanzung rollende Brecher erschöpfte Männer von Deck spülen können. Die verwitterten, verblichenen und geflickten Segel, die ihren Dienst in den windstillen Schönwetterzonen am Äquator geleistet haben, werden nun ersetzt durch die stärkste Garnitur der Tücher.

Doch dann verläuft der Eintritt in die Kap Hoorn-Zone so sanft wie der Schlaf auf einem Federkissen. Den 50. südlichen Breitengrad im Atlantik überquert die PEKING am 3. Februar 1930 auf einem fast wie in Blei gegossenen Wasser, auf dem sich nicht einmal ein Kräuseln zeigt. Kein Vorgeschmack auf die nächsten 1.000 bis 1.200 Seemeilen bis zum 50. Grad südlicher Breite im Pazifik, auf denen das Kap weit südlich umsegelt werden muss.

Es ist keine Landspitze, um die herum es hier gehen muss, sondern eine gefährlich zerklüftete Küstenlandschaft mit vielen vorgelagerten Inseln, von denen das kleinste Eiland in der Hermiten-Gruppe als das eigentliche Kap zu gelten hat. Ein trostloses Stück Land, in dessen Süden sich der Ozean in der Weite der Antarktis verliert.

Zwei Weltmeere berühren sich hier, die größten Wassermassen der Erde treffen hier in einer Zone von Tiefdruckwirbeln aufeinander, der fast stetige Westwind, oft in Orkanstärke, macht es Seefahrern zur Hölle, in einem mühevollen Zickzackkurs den Weg nach Westen zu finden. Bis sie sich dann freisegeln und nordwärts zur Westküste Chiles drehen können.

Manche driften dabei bis in die Nähe bedrohlicher Eisberge der Antarktis ab. Legendär das Schicksal des Dreimasters SUSANNA, 1893 bei Blohm & Voss gebaut, der 1905 ganze 99 Tage für die Umrundung von Kap Hoorn benötigte, die Mannschaft von Skorbut, Typhus und Unfällen heimgesucht. Einen ganzen Monat lang konnte der Segler keine einzige Seemeile nach Westen gut machen, war permanent in Bedrängnis von Windstärken zwischen zehn und elf. Das über Bord kommende Wasser wurde dort zu Eis, die Finger der Seeleute erfroren, die See schlug die Kombüsentür ein, löschte das Feuer, spülte Pötte und Pfannen fort, brach dem Koch die Rippen, dem zweiten Steuermann die Nase. Das Schiff sprang leck, die Mannschaft musste pumpen, die Takelage war steif von Eis, sieben Mann lagen mit Erfrierungen in der Koje. Nur acht der 25 Männer an Bord waren noch arbeitsfähig, als die SUSANNA am 18. Dezember 1905, einem Rosthaufen gleichend und mit zermürbten Segeln und zerfasertem Tauwerk, endlich im Hafen von Caleta Buena ankam – und die noch Gesunden am nächsten Morgen um sechs Uhr damit begannen, die geladene Steinkohle mit einer Handwinde an Deck zu kurbeln.

Dramen, die auch in der Statistik der Deutschen Seewarte für die Zeit zwischen 1895 und 1908 deutlich werden: 14 Windjammer sind allein in diesen Jahren spurlos bei Kap Hoorn verschwunden.

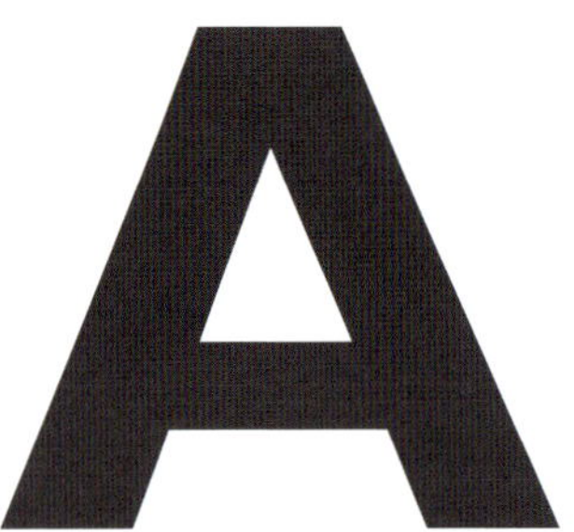

AM 9. FEBRUAR GERÄT AUCH DIE PEKING IN EINEN ORKAN, Stärke zwölf. Gischt färbt den Ozean weiß, und der Sturm erzeugt in der Takelage Geräusche, als würden dort wilde Bestien kämpfen. Ein Segelliek – ein Draht, dick wie ein Männerdaumen – zerreißt mit lautem Knall. Die Segel schlagen in einem Ton, der an Maschinengewehrfeuer erinnert. Wasser weht waagerecht über Deck, umhüllt die Männer an Bord wie ein Nebel, und so gewaltige Wogen schlagen gegen das Schiff, dass Kapitän Jürs den Zimmermann auffordert, nach Lecks zu schauen. Es gibt keine, auch wenn auf einer Länge von ungefähr sieben Metern Stahlplatten in der Bordwand eingedrückt sind. Lediglich durch einige zerschlagene Bullaugen dringt Wasser ins Schiff.

Irgendwann tröstet der Blick auf einige Sonnenstrahlen und einen Regenbogen. Doch wenn sie zwischen den Stürmen die Segel neu setzen, sehen die Männer von oben auf eine See, die Johnson mit dem »Unterende der Niagarafälle« vergleicht.

Wogen und Sturm kippen die PEKING manchmal binnen Sekunden um bis zu 45 Grad, ein Segel fliegt weg. Keiner an Deck kann seine eigene Stimme hören. Wenn sie Luft holen wollen, kommt es den Männern so vor, als atmeten sie Wasser.

Es sind die Stunden, in denen Irving Johnson eine Aktion wagt, die zu einer gewissen Berühmtheit gelangen wird: Von einem der Masten herab, wo er seine Arme und Beine in Halteleinen festzurrt, damit er nicht wegfegt wird, filmt er aus rund 50 Meter Höhe mit einer 16-mm-Kamera, wie die aufgewühlte See ihre Wasserwalzen über Deck schickt und die 8.000 Tonnen Schiff und Fracht hin und her wirft.

Blick hinab von einer Rah. Deutlich ist das Gewirr von Wanten, Schoten und Stagen zu erkennen, mit denen die Masten abgestützt sowie die Segel bewegt werden. Das Stehende und Laufende Gut ist mehr als 21 Kilometer lang.

Trocken ist bald nichts mehr an Bord, bis auf die Laderäume. Wenn sie denn schlafen dürfen und können, betten sich die meisten Männer nun auf der Ersatztakelage in den Segel-Kammern, weil vor und in ihrer Mannschaftslogis das Wasser so hoch steht, dass sie die nur noch über das Oberlicht verlassen können.

Die PEKING knirscht und kreischt, als breche sie jeden Moment auseinander. In der Nacht reißt der Draht zwischen dem Hauptsteuerstand und dem Ruder; daraufhin wird die Notsteueranlage achtern klar gemacht und das Schiff von dort aus gesteuert. Die Männer sind festgebunden, damit sie nicht umgeworfen werden, wenn das Rad ruckt und sich in ihrer Kleidung verfängt.

Binnen 24 Stunden treibt der Viermaster 48 Seemeilen zurück. Sturmböen peitschen der Mannschaft Hagelkörner ins Gesicht, »Kap-Hoorn-Zucker« genannt, während sie sich an die Reparatur zerfetzter Segel macht. Aber es ist noch nicht vorbei. Nur zehn Seemeilen in drei Tagen kommt das Schiff gegen Wind und die gewaltige Strömung voran. 15 Meter hohe Monsterwogen türmen sich vor ihm. »Wir rollen, springen, schlucken, tauchen«, notiert Johnson. Aber keiner stirbt.

Erleichternd für Jürs, der als Kapitän nie Schiffbruch erlitten hat, wohl aber Männer auf seinen Reisen verloren hat: 1913, als Kapitän der PIRMA, einen Segelmacher; 1914 auf der PAMIR einen Leichtmatrosen; 1920 auf der PRIWALL einen Matrosen; später noch weitere zwei Mann.

Es ist wohl eine Erklärung dafür, weshalb Jürs dazu neigt, schon kleinste Fehler mit großer Härte zu bestrafen.

DIE MANNSCHAFTEN DER »FLYING-P-LINER« WERDEN AUSSERORDENTLICH GUT AUSGEBILDET. UND IHRE KAPITÄNE ZÄHLEN ZU DEN BESTEN SCHIFFSFÜHRERN IHRER ZEIT.

Endlich schafft es die PEKING. 19 Tage hat sie sich durch die See um Kap Hoorn gekämpft. Kein Geschwindigkeitsrekord (den stellt 1938 die PRIWALL auf, die nur fünf Tage und 14 Stunden benötigt), aber auch kein Malheur. Ein sonniger Tag, der erste seit Langem.

Wale begleiten nun das Schiff. 450 Seemeilen bis Valparaiso. Dann muss noch einmal das Nebelhorn eingesetzt werden, ein tragbarer Kasten mit kupfernem Trichter und einer Kurbel, mit der sich ein klägliches Tuten erzeugen lässt. Muss der Kapitän noch einmal mit einem Schnitt bis auf die Knochen die Eiterbeule eines Mannes verarzten, wobei das Blut bis ans Oberlicht spritzt, als er die Wunde mit seinen Pranken ausquetscht. Er ist überhaupt ein spezieller Arzt. Zum Beispiel ist er davon überzeugt, Krebs, der nahe unter der Haut sitze, lasse sich kurieren, indem man ihn aufschneide und einen lebenden Frosch auf die Wunde binde.

SEGEL SETZEN, SEGEL REFFEN, SEGEL BERGEN, mit Handwinden die bis zu 29 Meter langen und tonnenschweren Rahen liften und fieren; wie Esel im Kreis an den Gangspills die Schoten dichtholen; das Eis aus den Segeln schlagen – es ist eine endlose Qual für die Männer, nach stundenlangen Anstrengungen an Deck mit verfrorenen Fingern auf die Webleinen hinauf in die Rahen geschickt zu werden, um das Schiff immer wieder auf die wechselnden Verhältnisse einzustellen und gegen seinen Willen westwärts zu zwingen.

Handschuhe trägt keiner. Die Mannschaft ist danach kaum noch in der Lage, beim Essen ein Messer zu halten. Unterdessen hauchen die Blumen ihr Leben aus, die der Kapitän in zwei Kästen der Messe wochenlang persönlich umsorgt hat. »Du meine Güte, alle tot«, entfährt es ihm.

Max Heinrich Jürgen Jürs ist einer der letzten großen Kapitäne der Seefahrtgeschichte, der ausschließlich Frachtsegler ohne Motor führt. Er entstammt einer Familie, die schon seit Generationen von und mit Schiffen lebt, und kommandiert die Crew der PEKING auf insgesamt vier Chile-Fahrten.

Bei Sturm müssen bis zu vier Mann an den zwei Steuerrädern vor dem Kartenhaus stehen (hier auf der MOSHULU), um in der rauen See den Kurs zu halten.

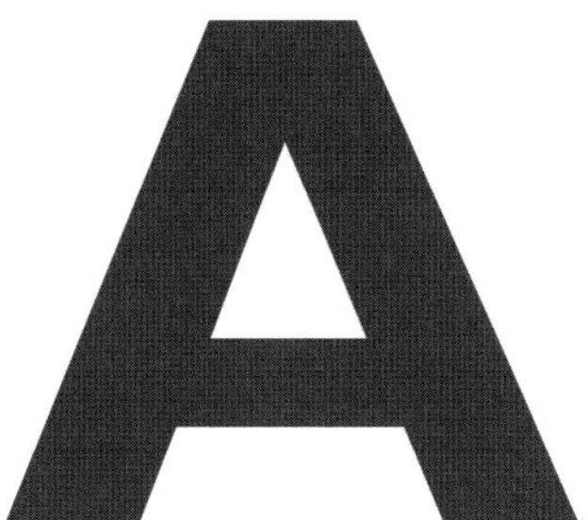

AM 1. MÄRZ 1930, EINEM SAMSTAG, ankert die PEKING auf Reede vor Talcahuano. Die Mannschaft muss die Koksfracht aus Schütten über die Reling in Schuten kippen. 300 Seemeilen sind es noch bis Valparaiso, wo Salpeter an Bord genommen werden soll. Für Irving Johnson und seinen Freund ist die Reise zu Ende, sie gehen von Bord.

Noch 48 Jahre später, nach einer Karriere als Kapitän von Motorschiffen, wird Johnson im Nachwort einer Neuauflage seines Buches von dieser bemerkenswerten, fast hypnotischen Kraft schwärmen, welche die Besatzung von Segelschiffen nicht nur in Stürmen zu einer unglaublichen Leidensfähigkeit und zu ebenso unglaublichen Leistungen befähigt. In einer Kombination aus Demut, Ausdauer und Selbstausbeutung. Kein Maschinenantrieb, kein Strom, keine Ventile, keine Schalter an Bord, keine Nähmaschinen für die Segel, kein Licht auf Deck, von Echolot, Radar und dergleichen ganz zu schweigen. Nur die Hände! Die Hände, die alles bewegen müssen, was an Bord bewegt werden muss.

Dazu das Wissen – die »Kunst«, schreibt Johnson –, die 34 Segel einer komplexen Viermastbark fast an jedem Tag einer 100-Tage-Reise unermüdlich auf wech-

NACH QUALVOLLEN MONATEN AUF SEE ERREICHEN SIE ENDLICH LAND. DOCH DIE PLACKEREI HAT KEIN ENDE: KOKS ODER STÜCKGUT MÜSSEN GELÖSCHT, SALPETERSÄCKE EINGELADEN WERDEN.

selnde Winde einzustellen. Möglichst schwindelfrei und angstfrei sowieso, sich mit den Füßen auf schwankenden Stahlseilen unter den Rahen abstützend. 20, 30, 40 Meter über Deck. Und nicht selten sogar ohne die Sicherung durch »Lifebändsel«, durch leicht geteerte Tampen, die mit einem speziellen Knoten um den Bauch gebunden und mit einem Karabinerhaken zum Einklinken in Halteleinen verbunden sind.

Am 31. März 1930 verlässt die PEKING Valparaiso, am 22. April den Hafen von Iquique: 4.718 Tonnen Salpeter in Säcken an Bord. Am 22. August ist sie zurück in Hamburg, wo sie unter dem Kommando von Jürs bereits am 4. September zur nächsten Reise nach Chile startet.

In seinen 40 Jahren und zehn Monaten bei Laeisz verbringt Jürs nur drei Weihnachten mit Familie und seiner Frau Emma-Maria, die er im Mai 1920 geheiratet hat, eine Bauerntochter, eines von acht Kindern, die er seit 1913 kennt. Die Verlobung ist schriftlich erfolgt, 1916, als der Kapitän mit der PAMIR auf La Palma festsitzt. Die drei Kinder werden 1922, 1924 und 1928 geboren. Einer der Söhne stirbt 1944 beim Untergang seines Handelsschiffes nach einem Torpedo-Einschlag.

DIE 15. CHILE-REISE DER PEKING ist die letzte unter Jürs. Unter einem anderen Kapitän wird sie noch zwei weitere unternehmen, die letzte Reise endet am 9. September 1932 in Hamburg. Und dann ist es noch ein letztes Mal Jürs, der sie einen Monat darauf übernimmt, um sie mit Schlepper-Hilfe am 19. Oktober an Bojen in der Themse festzumachen, denn sie ist nach England verkauft worden.

Er ist fast so etwas wie der Kapitän für die letzten Fahrten der »Flying-P-Liner« von Laeisz: Auch die PASSAT, auf der Rückfahrt von Chile an Finnland verkauft, segelt er zur Übergabe nach England.

Ende 1932 übernimmt Jürs die PADUA, die zu einer spektakulären Wettfahrt mit der PRIWALL nach Australien aufbricht, 15.000 Seemeilen in 66 Tagen statt der üblichen fast 90. Von dort holen die Schiffe Weizen nach England. Als »Weizenregatta« machen die Fahrten Furore; die PRIWALL gewinnt nur um einige Stunden.

Noch einmal, 1936, startet Jürs nach Chile, muss aber krank von Bord gehen – und dann, als er am 20. September 1938 endgültig seinen Dienst quittiert, 57 Jahre alt, herzkrank, tritt er ab als einer der letzten großen Kommandanten der Seefahrtgeschichte, der nur Frachtsegler ohne Motor führte.

In Chiles Häfen haben sie salutiert vor Jürs. Unter Seeleuten erzählt man sich, wie er einmal über die Kante in das schäumende Wasser unterm Heck gesprungen sei, sich mit einer Hand an der Besanschot festklammernd, mit der anderen Hand einen Matrosen an den Haaren vor dem Ertrinken rettend.

Auch unter den Kapitänen bewundern ihn viele. So schreibt einer, der unter seinem Kommando auf der PEKING gefahren ist: »Nichts Pathetisches lag in seiner Natur, nichts Auffälliges in seinem Wesen. Er war groß und stark, hatte Mut, war aufrecht, sorgfältig und sparsam. Er kannte die Risiken, konnte die Würgegriffe der See abschätzen. Die Hoorn war sein Lehrmeister.«

Und wohl auch sein Kaputtmacher. Schon Johnson hat ihn »ausgezehrt, übermüdet und gealtert« auf der PEKING erlebt, mit blutunterlaufenen Augen nach drei Tagen und Nächten ohne Schlaf. Nur 64 Jahre alt wird Max Heinrich Jürgen Jürs; er stirbt am 21. Dezember 1945.

Die Hafenstadt Iquique im Norden Chiles. Aus dem Landesinnern transportieren Güterzüge den Salpeter heran. Eine Zeit lang ist er das Hauptexportgut des Landes.

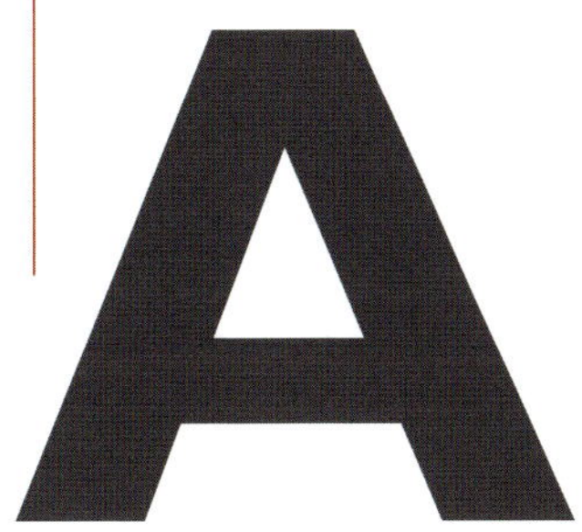

ALS JÜRS DIE PEKING 1932 NACH LONDON ÜBERFÜHRT, sind die Frachtraten für Salpeter bereits drastisch gesunken und ist das Schiff für 6.250 Pfund Sterling an die britische Gesellschaft »Shaftesbury Homes and Arethusa Training Ship« verkauft worden, die sie als stationäres Schulschiff nutzen will. Ein Großteil der Takelage mitsamt der Rahen wird demontiert, die Ladeluken werden beseitigt und durch Decksplanken ersetzt, der Sandballast durch Beton, zwei Bullaugenreihen werden in Zwischendeck und Laderaum geschnittten.

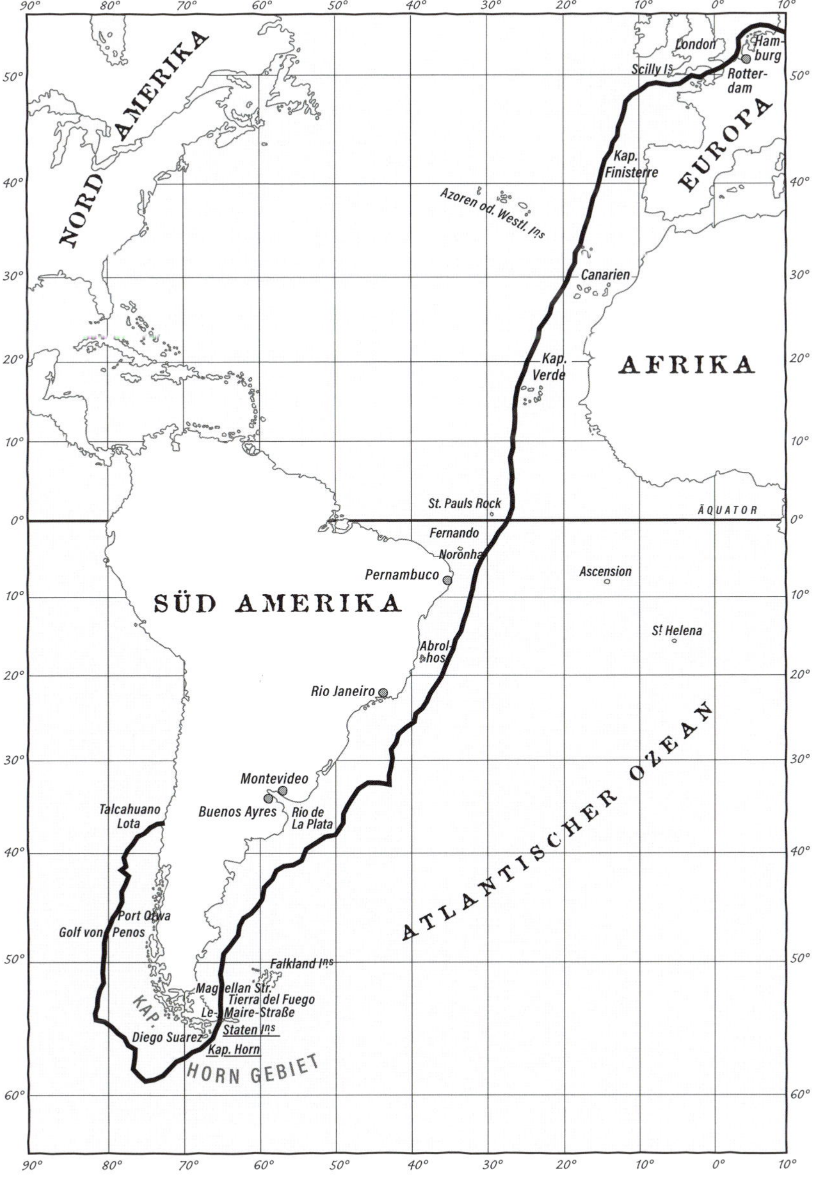

Auf dem 1933 in ARETHUSA umbenannten Schiff, das nun auf dem Medway River liegt, werden 13-, 14-jährige Jungen aus prekären Verhältnissen interniert, um sie in »Fleiß, Sparsamkeit und Selbstbeherrschung« zum Marine-Nachwuchs auszubilden. Klassenräume und ein Versammlungsraum werden eingebaut, Büros, eine Bibliothek, eine Bäckerei und eine Kapelle. 1940 aber beschlagnahmt die Royal Navy das Schiff, nutzt es als Wohnschiff, nennt es in PEKIN um, weil sie schon eine andere ARETHUSA hat. Nach dem Ende des Zweiten Weltkriegs wird sie wieder zur Kadettenausbildung genutzt, bis es 1974 zum Verkauf des Schiffes kommt. Es wird auch der Hansestadt Hamburg angeboten, dann aber in einer öffentlichen Auktion für 70.000 englische Pfund einer New Yorker Stiftung zugeschlagen. Ein ozeangängiger Schlepper aus Holland zieht die alte PEKING nach Reparaturmaßnahmen, unter anderem dem Austausch von 12.000 Nieten, in 17 Tagen über den Atlantik. Später macht sie in Manhattan fest, wo sie die Touristenattraktion des South Street Seaport Museum wird. Und allmählich verrottet.

29 Jahre später, mit Gründung der »Stiftung Hamburg Maritim«, beginnen die Bemühungen, die PEKING heimzuholen. 2005 legen die New Yorker den Kaufpreis auf acht Millionen US-Dollar fest, die Stiftung winkt ab. Dann aber gerät das Seaport Museum in finanzielle Turbulenzen, nur noch 2,8 Millionen Dollar werden verlangt. In Hamburg wird zugleich taxiert, was wohl die Rückholung und Restaurierung der PEKING kosten würde, bis man sie als Museumsschiff vorzeigbar und begehbar machen könnte. Fünf bis 15 Millionen Euro sind 2011 im Gespräch.

Im Jahr darauf richtet der Hurrikan »Sandy« an den Landanlagen des Museums in New York derart große Schäden an, dass es unter Insolvenzverwaltung gerät. 2013 die Nachricht, dass es die alte Viermastbark nun unentgeltlich abzugeben bereit sei.

Eigentlich ist sie verschrottungsreif. In lokalen Medien wird über ihr Ende spekuliert. Dann aber beginnt ein neues Kapitel in der Geschichte des Schiffes: das von der Wiederauferstehung der PEKING. IIII

Zwischen knapp 60 und gut 90 Tagen dauert die Reise von der Südspitze Englands zu Chiles Salpeterhäfen.

EIN DOCK EN

Der Blick von unten auf das Poopdeck mit der Ruderanlage zeigt den Zustand der PEKING vor ihrer Sanierung.

Huckepack über den Atlantik. Nach gut 40 Jahren als Museumsattraktion in New York kommt die marode, kaum noch schwimmfähige PEKING im Juli 2017 an Bord eines Spezialschiffes zurück nach Deutschland. Die »Stiftung Hamburg Maritim« hat den Viermaster mit Geldern der Bundesregierung übernommen und will ihn nun restaurieren lassen. Auf einer Werft in Elb-Nähe wird er eingedockt und zur Restaurierung vorbereitet. Drei Jahre werden die Arbeiten an der PEKING dauern – und gut 38 Millionen Euro kosten.

Nach ihrer Atlantikreise im Dock der COMBI DOCK III liegt die PEKING in Brunsbüttel an der Elbe am Kai – bereit, wieder zu Wasser gelassen zu werden.

PEKING

VOR ALLEM AUF HÖHE DER WASSERLINIE HABEN DIE GUTACHTER GROSSE SCHÄDEN FESTGESTELLT. DORT SIND WEITE TEILE DER AUSSENHAUT DERART VERROSTET, DASS SIE ERNEUERT WERDEN MÜSSEN.

Die PEKING im Dockschiff. Ihr Zustand ist so schlecht, dass die früheren Besitzer in New York schon überlegt hatten, sie zu verschrotten.

Vor dem Ausdocken aus der COMBI DOCK III. Insgesamt hat es fast 14 Jahre gedauert, bis es den Hamburger Interessenten gelungen ist, die Verhandlung um die Übernahme der PEKING erfolgreich abzuschließen.

PEKING

ROSTOCK
W
TAUCHER O. WULF
8

Nach dem Ausdocken bringen zwei Schlepper den 115 Meter langen Viermaster am 2. August 2017 von Brunsbüttel über die Stör zur Peters Werft in Wewelsfleth.

Ankunft vor dem Kai der Peters Werft. Der Notsteuerstand des Seglers steht achtern auf dem Poopdeck. Zimmerleute und Maschinenbauer werden ihn demontieren und komplett überarbeiten.

Einschwimmen der PEKING ins Trockendock der Werft. In den folgenden 34 Monaten werden rund 100 Fachkräfte Tausende Stunden damit verbringen, sie zu sanieren.

Da die PEKING von 1932 bis 1974 in England als Schulschiff diente und bis zu 250 Kadetten hier im Zwischendeck schliefen, waren in den Rumpf zusätzliche Bullaugen geschnitten worden.

Deck 2
2130 – Laderaum 3

who eats who

KEEP THIS DOOR CLOSED PLEASE

Die Kammern unter dem Poopdeck am Heck. Hier waren in früheren Zeiten Seekadetten untergebracht.

Arbeiter beginnen, mit Presslufthämmern und Schaufeln den Beton aus dem Laderaum der PEKING herauszulösen.

Viele Kabinen wurden eingebaut, als die PEKING in England als Schulschiff genutzt wurde. Jetzt soll der Segler in großen Teilen nach den alten Bauplänen in einen möglichst originalgetreuen Zustand zurückversetzt werden.

AUF DER JAGD NACH DEM WEISSEN GOLD

Der Hamburger Hafen vor der Jahrhundertwende. Dutzende Windjammer liegen nebeneinander und »im Päckchen« zum Be- und Entladen an den Duckdalben in Ufernähe.

Seit 1824 transportiert die Hamburger Reederei Ferdinand Laeisz Waren aller Art, seit 1867 auch Salpeter aus Südamerika, der so wertvoll ist, dass manche vom »weißen Gold« sprechen. Die Firma setzt wegen der niedrigeren Kosten ausschließlich auf Segelschiffe und gibt um 1900 einige der weltgrößten Neubauten in Auftrag. Die PEKING, 1911 fertiggestellt und für Salpeter-Fahrten konzipiert, gilt als die Vollendung moderner Frachtsegler. Sie kombiniert, wie andere Laeisz-Windjammer auch, einen großen Laderaum mit hoher Geschwindigkeit und kurzen Ladungszeiten. Um 1914 gelten die Stahlkolosse mit dem »FL« am Bug als die erfolgreichste Segelschiffsflotte der Welt.

Text: **Peter-Matthias Gaede**

SEIDENHÜTE. Mit etwas so Zartem für den Kopfschmuck der Begüterten beginnt, was zu einer großen, vielleicht der größten Epoche in der Geschichte der deutschen Frachtsegler werden sollte. Und zugleich zu ihrer letzten.

Mit Seidenhüten beginnt der Aufstieg der Hamburger Reederei Ferdinand Laeisz, eine Geschichte von Rekorden und Dramen, eine Geschichte von Männern im Sturm, von Meisterleistungen auf Werften, harten Kapitänen und aufopferungsvollen Matrosen, von scheinbarer Romantik und Brutalität, von interkontinental transportierten Massengütern und Krieg und Flaute, Stolz und Vergänglichkeit.

Es ist die Geschichte der PEKING, aber auch der nahezu baugleichen PASSAT. Es ist die Geschichte berühmter Schiffe wie der PAMIR, der POTOSI, der PREUSSEN – und heutzutage weithin vergessener Schiffe wie der PANGANI oder der PETSCHILI.

Am Anfang steht ein Gemischtwarengeschäft, betrieben von einer aus dem Schwäbischen stammenden Familie, aus der am 1. Januar 1801 als sechstes von zehn Kindern Ferdinand Laeisz hervorgeht: ein junger Mann, der eigentlich schon 1815 von der Seefahrt hätte genug haben können. Denn der Schoner ELISABETH, auf dem er in Hamburg als Schiffsjunge anheuert, havariert bereits bei der Ausreise. Ferdinand Laeisz entscheidet sich daraufhin zunächst lieber für eine Buchbinderlehre, macht sich dann als Wandergeselle auf die Walz, kommt nach Berlin – und arbeitet dort in jener Fabrik für Galanterie-Waren, auch Zylindern für den Herrn, die ihn auf die Idee bringt, sie nach seiner Rückkehr nach Hamburg selbst zu produzieren.

Er hat Erfolg damit, verkauft sie bald bis nach Südamerika, errichtet dort Niederlassungen, fährt selbst dorthin. Und gibt 1839 sein erstes eigenes Schiff in Auftrag: einen 400 Tonnen tragenden hölzernen Zweimaster, getauft auf den Namen seines Sohnes Carl.

In den Folgejahrzehnten holen Schiffe, die für Laeisz segeln, Walöl von Hawaii, Kopra vom Jaluit-Atoll im Pazifischen Ozean, Wolle aus Australien, Erz aus Mexiko, Kaffee aus Guatemala und Brasilien. Sie fahren auch nach Westafrika, nach China, auf die Philippinen. 1857 gibt die Reederei einen Dreimaster in Auftrag, den sie PUDEL tauft. Es ist der familieninterne Spitzname der mit reichlich Locken gesegneten Ehefrau von Carl Laeisz, Sophie. Und der Vorgriff auf eine Tradition, später alle der für Laeisz gebauten oder von der Reederei erworbenen Segelschiffe mit dem Anfangsbuchstaben P im Namen auszustatten. Mehr als 60 aus einer Flotte von über 80 werden es.

Der entscheidende Anstoß für den Aufstieg der Firma ist 1867 eine Reihe von Kontrakten über die Verschiffung von Salpeter.

Das grau-weiße, leicht lösliche Salz, das zu rund 95 Prozent aus Natriumnitrat besteht, ist von dem österreichischen Naturforscher Thaddäus Haenke 1788 in der chilenischen Atacama-Wüste entdeckt worden. Und es eignet sich, wie unter anderem der deutsche Chemiker Justus Liebig herausgefunden hat, bestens als anorganisches Düngemittel. Als Ersatz also für das Düngen mit Mist und Exkrementen. Als Ersatz mithin auch für Guano, jenes Verwitterungsprodukt aus dem Kot und den Leichen von Seevögeln, das sich in meterhohen Schichten auf peruanischen Inseln abgelagert hat – und als Dünger auch nach Europa verschifft wird.

Bald gilt Salpeter als »weißes Gold«. Es wird aus der Caliche gewonnen, dem etwa einen Meter unter der Oberfläche liegenden Sedimentgestein der Atacama: durch Sprengung, Zerkleinerung und anschließende Extraktion in einem 24-stündigen Siedeverfahren in wassergefüllten Bassins. Nachdem Chile 1884 einen Krieg mit Peru und Bolivien um die Landesgrenzen und damit die Salpeterlagerstätten gewonnen hat, wird es zum Zielort eines regelrechten Ansturms. Um 1890 liegen an manchen Tagen bis zu 100 Schiffe auf Reede vor den Salpeterverladestationen.

Auch Laeisz-Segler sind dabei.

IN MEHREREN SCHRITTEN HAT SICH DIE REEDEREI zu einer echten Größe im Salpeterhandel entwickelt. Um 1880 stellt sie konsequent von Holz- auf Eisen-, bald darauf auf Stahlschiffe um. 1887, es ist das Todesjahr des Firmengründers Ferdinand Laeisz, liefert die Hamburger Werft Blohm & Voss die stählernen

Carl Ferdinand Laeisz, der Sohn des Firmengründers, setzt trotz der Konkurrenz durch Dampfschiffe weiterhin auf Frachtsegler.

Kurz vor dem Beladen. Die PEKING fährt auf dem Weg nach Südamerika oft unter Ballast – der am Zielhafen einfach ins Meer oder auf Lastkähne geschüttet wird.

INSGESAMT 86 SEGELSCHIFFE WERDEN FERDINAND LAEISZ UND SEINE NACHFOLGER IM LAUF DER ZEIT BAUEN ODER ERWERBEN.

Passagiere an Bord der CAP ARCONA bestaunen die PEKING, die all ihre 34 Segel gesetzt hat.

Dreimaster POTRIMOS und PROMPT aus. 1885 die POTOSI, als Fünfmastbark das damals größte Segelschiff der Welt. 1902 schließlich, noch größer, das Fünfmastvollschiff PREUSSEN.

Es ist fast 147 Meter lang, mehr als 16 Meter breit, kann 8.000 Tonnen Ladung fassen – so viel wie ein 6,5 Kilometer langer Güterzug. Fast drei Meter beträgt der Umfang der Masten; der höchste ragt 68 Meter über Kiel. Die PREUSSEN hat 43 Segel. Stahldrähte, Tauwerk und Ketten kommen zusammen auf eine Länge von mehr als 50 Kilometern.

Als die POTOSI in Bremerhaven vom Stapel läuft, sind die Nachfolger des Firmengründers schon tot. Nicht mal 50-jährig, stirbt im Jahr 1900 zuerst der Enkel, im Jahr darauf auch dessen Vater Carl Laeisz; im Alter von 72. Da die nächste Generation, zwei Söhne, noch nicht volljährig ist, geht die Firmenleitung zunächst auf drei Prokuristen über. Dennoch beginnt spätestens mit der POTOSI und der PREUSSEN zugleich jene Ära, in der die »Flying-P-Liner« der Laeisz-Flotte berühmt werden.

Die Rasanz dieser Schiffe beeindruckt auch die Konkurrenz der Seefahrernation Großbritannien, lässt Franzosen und Skandinavier staunen. Und doch sind am typischsten für die »fliegenden« Schiffe mit dem P im Namen nicht unbedingt die beiden größten, sondern ist es eher die Baureihe der PEKING, der PASSAT und vergleichbar gebauter Schiffe – allesamt Viermastbarken. Sie sind leichter zu manövrieren als die beiden Riesen, haben kürzere Liegezeiten in den Häfen.

PEKING und PASSAT, beide 1911 fertiggestellt und ausschließlich für Salpeter-Fahrten bestimmt, gelten als die Vollendung moderner Frachtsegler. Und »Cargo is king«. Die gesamte Crew und auch die Segelkammer sind im Brückenhaus unter dem Kommandodeck dieser »Drei-Insel-Schiffe« untergebracht. Unter dem Poopdeck achtern: Proviantträume, das Krankenzimmer und die Hobelbank des Zimmermanns. Unter dem Backdeck am Bug: ebenfalls Werkstatträume, dazu Toiletten.

Laufstege (siehe Illustration auf Seite 29) verbinden die drei »Inseln«, wichtig für Sturmfahrten, wenn die Wassermassen über das Hauptdeck branden. Zum besseren Schutz bei Kollisionen verfügt die PEKING über ein besonderes Schott vor dem Laderaum. Deckwinden, später motorisiert, und Mastbaumwinden gehören zur Ausstattung. Die hohlen Stahlmasten sind mit Drahtseilen und Spannschrauben abgespannt.

Segel setzen, Segel reffen, Segel bergen, mit den mechanischen Winden die bis zu 29 Meter langen und tonnenschweren Rahen heben und senken – es ist eine endlose Schinderei.

Und auch wenn das Schiff erst später, 1923, eine Funkanlage erhält, so sind doch viele Details an Bord fortschrittlicher, zumindest qualitätsvoller gestaltet als auf anderen Schiffen. Ein Beispiel dafür: Die Seeleute klettern im unteren Bereich nicht wie bei anderen Frachtseglern über wacklige Webeleinen die Wanten hinauf, sondern über hölzerne Tritte, die für mehr Sicherheit der Mannschaft sorgen.

Vor allem aber kommen diese Viermastbarken mit wesentlich kleinerer Besatzung aus, reichlich 30 Mann, als die von bis zu hundert Mann bedienten schlanken, außerordentlich schnellen Klipper, die vor allem in den USA gebaut werden – ohne wesentlich langsamer als die amerikanischen Segler zu sein. Anderthalb Salpeterfahrten nach Chile und retour bewältigen die robusten Frachtschiffe von Laeisz pro Jahr mit einiger Regelmäßigkeit.

TROTZ DER KONKURRENZ DURCH DIE DAMPFSCHIFFE ist das ein lohnendes Geschäft. Diese besteht schon, als die »Flying-P-Liner« auf Fahrt gehen. Seit etwa 1870 hat die Erfindung der Mehrfach-Dampfexpansionsmaschine die Leistung der Dampfer deutlich erhöht. 1869 hat zudem der Sueskanal geöffnet, eine extreme Streckenverkürzung auf dem Weg von Europa nach Fernost und Australien – ungeeignet aber für die Segelschiffe, weil die Schleppkosten zu hoch und die Passagen durch windarme Seegebiete zu kompliziert wären. Überdies können Dampfer Tiefseehäfen ohne Schlepperhilfe anfahren, können unabhängig vom Wind nach Plan auslaufen. Und so hat sich zwischen 1873 und 1899 die Zahl der Dampfschiffe weltweit versechsfacht, ihr Raumgehalt gar verzehnfacht – die Zahl der großen Frachtsegler dagegen im gleichen Zeitraum von etwa 4.300 auf reichlich 2.300 nahezu halbiert.

Umso beachtlicher, wie sehr die Firma Laeisz weiterhin auf Frachtsegler setzt. Ab 1912 wird sie, nun in vierter Generation, wieder von einem Vertreter der Familie geführt, von Erich Laeisz, gemeinsam mit einem Kompagnon. Ihr Vertrauen in die Profitabilität des Geschäfts mit dem Salpeter baut darauf, dass dieses Massengut nicht »zeitkritisch« ist, nicht verderblich und immer noch höchst begehrt in der deutschen Landwirtschaft.

Zudem sind die starken Tiefwassersegler mit dem »FL« am Bug so etwas wie die Champions auf der Strecke um Kap Hoorn. Nicht zuletzt, weil sie mit handverlesenen Kapitänen und erstklassigen Mannschaften fahren. Die Auswahlkriterien der Reederei sind streng, bei den Schiffsjungen beginnend. Als solche werden, wie Carl Laeisz schon vor der Jahrhundertwende festgelegt hat, nur »am Wasser aufgewachsene Söhne von Seefahrern« angenommen. Und zwar nach persönlicher Inspektion durch ihn.

In einer Instruktion von 1892 heißt es, dass die Reederei »besonderen Wert auf Sparsamkeit, Achtsamkeit und unbedingte Nüchternheit« lege. Angetrunkene und auf Wache eingeschlafene Steuermänner seien sofort zu melden, damit sie bei Ankunft im Hafen entlassen werden könnten. Vor Reiseantritt sei die gesamte Mannschaft ärztlich zu untersuchen. Für eine ausreichende Ventilierung in den Mannschaftsräumen sei stets zu sorgen. Und schließlich sei »angesichts der heutigen sozialdemokratischen Neigungen« mit Umsicht vorzugehen. Mit »Takt und Ruhe« selbst bei »Widersetzlichkeiten«.

Diese Contenance wahren die Kapitäne zwar nicht immer, schon bei Ungeschicklichkeiten der Mannschaft nicht, doch es ist anzunehmen, dass der Reederei eine andere Eigenschaft ihrer Kommandanten dann doch noch wichtiger ist: die Zuverlässigkeit, mit der sie Kap Hoorn bewältigen. Und das Tempo.

Schon der Dreimaster PLUS hat in den 1880er-Jahren nur 61 Tage für die Strecke vom Ärmelkanal bis nach Chile benötigt. Die meisten Experten, die in ihrer Zeitung diese Meldung lasen, glaubten an eine Verwechselung der Zahlen 9 und 6. Denn 80 oder 90 Tage galten als normal, unter 70 hatte es bis dahin noch keiner geschafft. Kapitän Robert Hilgendorf, ebenfalls im Dienste von Laeisz, stürmt 1904 und 1905 mit der POTOSI noch schneller in Richtung Südwesten: in 59 Tagen von England nach Chile, in 57 zurück. Als »Flying German« und »Teufel von Hamburg« geht er mit 66 Kap-Hoorn-Umrundungen in die Geschichte ein.

DIE REEDEREI LEGT BEI IHREN MANNSCHAFTEN GROSSEN WERT AUF »SPARSAMKEIT, ACHTSAMKEIT« UND »UNBEDINGTE NÜCHTERNHEIT«.

Auf seine Initiative hin beginnt die Reederei zudem, sämtliche verfügbaren Daten über Wind- und Strömungsverhältnisse zentral zu sammeln und allen Kapitänen zur Verfügung zu stellen.

Auf gar 70 Fahrten um die Südspitze Lateinamerikas bringt es Kapitän Jochim Hans Hinrich Nissen, Kommandant auf der Jungfernfahrt der PEKING.

Eine Erholungsreise ist keine der etwa 1.000 Kap-Umrundungen, die »FL«-Schiffe bis 1929 bewältigen. Die Zone zwischen dem 40. und 50. Grad südlicher Breite heißt bei den Seeleuten die Roaring Fourties. Sind die »Brüllenden Vierziger« überstanden, geraten die Schiffe in die Furious Fifties, die »Rasenden Fünfziger«, zwischen dem 50. und 60. Breitengrad. Die südliche Halbkugel ist derart landarm, dass man auf etwa dem 56. Breitengrad einmal rund um die Welt segeln könnte, ohne je auf Küsten zu stoßen.

Die Folge: Stürme bauen hier besonders hohe, oft senkrecht sich gegen die Schiffe stellende Wogen auf. Tiefdruckwirbel machen das Meer zu einem bedrohlichen Quirl. Ein fast stetiger Westwind, oft in Orkanstärke, steht wie eine Mauer vor den Schiffen mit Kurs auf die Westküste des Kontinents.

Crewmitglieder beim Ausbessern des Decks. Für Reparaturarbeiten werden vor allem die windarmen Zeiten während der Reise genutzt.

Und so begegnen die Seeleute hier, wie einer schreibt, der »entfesselten Wut gigantischer Gewalten«. Ihre Schiffe beben in allen Fugen. Segel zerreißen zu Fetzen und Fransen. »Die Luft ist grau von fliegendem Wasser und undurchsichtig wie Milchglas«, notiert Kapitän Hermann Piening auf einer Fahrt mit der PEKING. Die rasend bewegte Luft presse sich derart durch Mund und Nase, als wolle sie die Lunge aufblasen. Nicht das Einatmen, das Ausatmen sei kaum noch möglich. Und das Tosen scheine die Ohren wie mit Sand zu verstopfen.

B

BESONDERS QUÄLEND IST DAS JAHR 1905, als manches Schiff 42 oder gar 74 Tage benötigt, um vom 50. südlichen Breitengrad im Atlantik auf die gleiche Höhe im Pazifik zu gelangen (und im Extremfall 99 Tage, wie die deshalb berühmt gewordene SUSANNA).

Es ist das Jahr, in dem sich der Kapitän eines französischen Frachtseglers sogar zur Umkehr entscheidet – und auf östlichem Kurs fast um die ganze Welt herum an Afrikas Südspitze und Australien vorbei sein Ziel San Francisco nicht später erreicht als schließlich die SUSANNA ihren chilenischen Hafen.

Einen umgekehrten Rekord hat ein Laeisz-Kapitän, Johannes Früdden, mit der PARNASS schon 1884 aufgestellt: Er ist in sechs Tagen und einigen Stunden um Kap Hoorn gesegelt. Im gleichen Jahr war Kapitän Hilgendorf mit der PARSIFAL nur einen Tag langsamer. Übertroffen werden sie beide dann noch einmal viele Jahrzehnte später von einem weiteren Mann in den Diensten von Laeisz: Adolph Hauth, der mit der PRIWALL 1938 nicht mehr als fünf Tage und 14 Stunden benötigt.

Aber nicht nur Tempo wird den Kapitänen von der Reederei abverlangt, sondern mehr noch Umsicht vor Kap Hoorn. Das bedeutet: im Zweifelsfall den längeren Weg zu gehen, einen Sicherheitsabstand gleichzeitig zu den Eisbergen im Süden wie auch zur tückisch zerklüfteten Küste am Zipfel von Südamerika zu halten. Und nicht unbedingt die verführerische Eingangspforte zu nehmen: die Le-Maire-Straße, einen zwölf bis 14 Seemeilen breiten Sund zwischen dem Ostzipfel von Feuerland und der Staateninsel (siehe Karte auf Seite 35).

Dieser Weg ist zwar kürzer, aber ein gewaltiger Schwell herrscht in ihm: Wassermassen, die sich mit zwei bis sechs Knoten pro Stunde bewegen und Schiffe leicht an die Küste drücken können. Es so nahe an der Landmasse zu versuchen, dann womöglich noch das eigentliche Kap nicht zu orten, wird nicht wenigen Schiffsbesat-

Segel nähen. Die Matrosen nutzen doppeltes Segelgarn, das zuvor in Holzteer getaucht worden ist.

zungen zum Verhängnis. Sie finden sich plötzlich zwischen den Felswänden der Inselgruppe der Hermiten und den Wollaston-Inseln wieder; in einer tödlichen Falle.

Und so wählen auch die Kapitäne der P-Liner lieber einen Weg weit südlich – und dann lange westlich, bevor sie in gebotenem Abstand zur gefährlichen chilenischen Küste den Weg nach Norden nehmen. Nicht selten auch gegen die Ungeduld ihrer Mannschaften, die 60, 80, 90 Tage nach dem Auslaufen in Hamburg gern mal wieder festen Boden unter den Füßen hätten.

Verständlich, denn lange Zeit schlafen sie noch auf Strohsäcken. Können ihre Kleidung manchmal sechs Wochen und länger nicht waschen, steht das getrocknete Salz in ihren Bärten wie eine Puderschicht. Und das Essen? Das Hartbrot wird auf die Tischkanten gehauen, wie in einem Bericht von 1911 zu lesen ist, um die Mehlwürmer herauszuschlagen. Einen »Muck« Kaffee oder Tee gibt es dazu. Mittags Erbsen mit Salzspeck oder Graupensuppe mit Stockfisch. Konservenfleisch. Kartoffeln müssen wegen der ständig wechselnden Temperaturen immer wieder verlesen werden, um die verrotteten auszusortieren.

Am Hoorn liegen manchmal beide Wachen, die sich normalerweise in Vier-Stunden-Schichten abwechseln, gemeinsam stundenlang in den Rahen, um die schlagenden Segel aus schwerstem Flachstuch zu bergen. Manche der Segel sind 30 Meter breit und zehn Meter hoch, von »Lieken« umsäumt, Umrandungen aus Stahldraht, verstärkt mit Leder und Kettenstücken. Oft steht das Wasser bis in die Stiefel der Männer; und in den Logis, den Unterkünften, schwimmen ihre Habseligkeiten, Bücher, Tabaksdosen umher.

Und wenn es nicht stürmt, müssen die Männer Rost mit »Piekeisen« wegklopfen, müssen Teakholz scheuern, Stahlseile fetten, die »Fußpferde« – Trittdrähte unter den Rahen – auf Festigkeit prüfen, mit Sand und Stein das Deck schrubben, Segel nähen.

Zu den kleinen Freuden gehören die Tage im stetigen Passatwind in der Äquatorzone. Gehört der erste Regen nach manchmal wochenlanger Sonnenglut, wenn die Matrosen nackt und mit Seife an Bord herumtanzen, die Dusche genießend. Und gehört die Trophäenjagd im Süden, die Jagd auf die Brustfedern der an Angeln gefangenen Albatrosse, die Jagd auf Kaptauben und Pastorenvögel, auf Fisch.

Und schließlich: gehört der Stolz, es an Kap Hoorn geschafft zu haben. Wer diese Zone passiert hat, so geht ein alter Spruch unter Seeleuten, darf das rechte Bein hochlegen. Wer Afrika am Kap der Guten Hoffnung umrundet hat, das linke. Und wer sich in beiden Regionen bewährt hat, darf beide Beine auf den Tisch legen.

Am Ende eines Seemannslebens, war wohl damit gemeint. Denn während sich die Baukosten eines Schiffes manchmal bereits nach ein, zwei Ladungsreisen amortisieren, ist die Heuer eines Seemanns wahrlich nicht so, dass ihm schon eine oder auch ein paar Fahrten gereicht hätten, zu Ersparnissen zu kommen. Nach einer Reise um das Jahr 1910, die 17 Monate und 29 Tage gedauert hat, bekommt der Matrose Hugo Luchterhand, wie er in seinen privaten Erinnerungen schreibt, 500 Reichsmark ausgezahlt. Was nicht einmal einer Mark am Tag entspricht.

IM STURM IST ES, ALS KOCHTE DIE SEE – »UND DAS SCHIFF BRÜLLT«, NOTIERT EINER, »ALS SÄSSEN 100 LÖWEN IN DEN MASTEN«.

Laeisz zahlt um das Jahr 1930 etwa 125 Reichsmark Monatsheuer an Matrosen, an Schiffsjungen 29. Der Segelmacher verdient 133 Reichsmark im Monat, ein Erster Offizier 360. Und ein Kapitän 600, plus eine Prämie von 240 Reichsmark bei schnellem und unfallfreiem Reisen.

DIE FÜSSE HOCHLEGEN NACH EINER KAP-UMRUNDUNG? Daran ist schon deshalb nicht zu denken, weil zunächst noch eine Strecke möglichst weit ab von der chilenischen Küste zu bewältigen ist. Die Salpeterhäfen liegen im Norden des Landes, und zwischen Chiles südlichstem, Talcahuano, und dem nördlichsten, Arica, sind es noch einmal 1.400 Seemeilen. Taltal und Pisagua heißen die Orte, Pabellón de Pica, Antofagasta, Topilla, Corral, Iquique oder Valparaiso.

Klangvolle Namen für oft trostlose Ansammlungen einiger Häuser, staubig und heiß vor nackten Gebirgsketten gelegen. Wellenbrecher, Molen, geschützte Buchten haben die wenigsten von ihnen. Die Frachtsegler ankern meist auf offener Reede. Im Winter reißen Winde aus dem Norden, die »Norder«, an den Ankerketten, im Sommer die »Süder«. Nicht wenige Schiffe havarieren. Manchmal treiben tote Hunde und Maultiere im Wasser, Stechmückenschwärme werden vom Land auf die Decks getrieben.

Da für das Sieden des Salpeters, bevor er mit Kleinbahnen und Seilbahnen an die Küste transportiert wird, große Wassermengen erhitzt werden müssen, wird Kohle benötigt. Die kommt, manchmal zusammen mit Stückgut, an Bord der Frachtsegler aus Europa.

Mehr als 20 Meter hoch türmen sich während eines Orkans die Wellen und überspülen zuweilen das gesamte Hauptdeck (hier der finnischen MOSHULU).

Die Kohle zu löschen, 3.000 und mehr Tonnen, ist eine Knochenmühle. Briketts in der dreifachen Größe von Ziegelsteinen sind aus den Luken zu hieven. Kohle ist teerhaltig, erzeugt ein Brennen auf der Haut. Die Männer ziehen sich leere Mehlsäcke über Kopf und Körper; mit Löchern für die Augen.

Wecken ist um 5:30 Uhr, Arbeitsschluss um 18 Uhr. Anfangs geschieht der Transport der Kohle ans Land noch auf floßartigen Konstruktionen, denen aufgeblasene Rinds- und Seehundfelle als Schwimmkörper dienen. Aber auch mit Lastkähnen, den »Leichtern«, und später mit motorisierten Winden an Deck dauert das Löschen der Ladung Wochen. Und ist doch nur Teil eins der Mühsal während der Liegezeit.

Landgänge sind lediglich sonntags erlaubt und in Dörfern mit manchmal nur 1.000 Einwohnern auf den Besuch in einer Kaschemme beschränkt. Speiselokale, Bars, Bordelle und Tanzbuden – oder Attraktionen wie die »Titten-Marie«, deren Etablissement sogar mit Kegelbahn, Schwimmbecken und Kapelle aufwartet – gibt es nur in Städten wie Valparaiso. Meist also bleiben die kleinen Fluchten ein bescheidenes Vergnügen, auch wenn sich vorsichtige Seeleute ein paar Centavos mit Heftpflaster an den Körper kleben: als Notreserve, um für den Rücktransport zu ihrem Schiff bezahlen zu können, falls sie alles andere Geld verloren haben sollten.

Kaum weniger anstrengend als das Löschen der Kohle, nur diffiziler, ist dann der Prozess, den Salpeter an Bord zu nehmen. Da er leicht brennbar ist, wird während des Ladens selbst etwaiger Funkenflug aus der Kombüse verhindert, und Rauchverbot herrscht. Eine Besonderheit ist das hohe spezifische Gewicht des Salpeters, weshalb es sich verbietet, den gesamten Laderaum mit ihm auszufüllen und den Schwerpunkt der Ladung auf breiter Fläche zu tief zu legen. Daher werden die Säcke, abwechselnd querschiffs und längsschiffs gelegt, zu einem pyramindenförmigen Berg mit nach Backbord und Steuerbord gleichmäßig abfallenden Seiten gestapelt.

Es ist die Kunst des Stauers, des »Stevedore«, dieses Bauwerk aus Säcken derart symmetrisch und fest zu errichten, dass es selbst bei schwerem Seegang nicht verrutscht, gar den Halt verliert und kippt, was eine tödliche Gefahr für das Schiff wäre. Und zugleich ist es eine brutale Arbeit für die »Docker«, in den Anfangsjahren der Chile-Fahrten oft von einem einzigen Mann dirigiert, der sämtlichen Säcke, die mit Handwinden an Deck gehievt worden sind, ihren Platz zuweist. Und da die PEKING und andere »Flying-P-Liner« über ein Zwischendeck im Laderaum verfügen, sind jedes Mal zwei dieser perfekten Konstruktionen zu errichten, zusammen bis zu 4.700 Tonnen schwer.

Die Firma Laeisz geht im Lauf der Jahre dazu über, auf ihren Schiffen mehrere Stauer gleichzeitig einzusetzen. Zugleich erleichtern Petroleummotoren das Beladen. Auch Agenten von Laeisz vor Ort arbeiten an einem effizienteren Warenumschlag, was die Liegezeiten zusätzlich verkürzt.

Erhalten aber bleibt ein Zeremoniell, das wohl von einer unendlichen Erleichterung nach getaner Arbeit zeugt. Manchmal der jüngste, manchmal der älteste Matrose an Bord klettert auf den letzten Sack Salpeter, der noch vom Lastkahn an Bord gehievt werden muss. Mit seiner Nationalflagge in der Hand wird er mitsamt dem Sack bis unter die Großrah des Seglers gehievt. Die in den Wanten stehende Mannschaft singt Shantys dazu. Ein Sailor läutet die Schiffsglocke, die Männer brüllen ein dreifaches Hurra, Hochrufe auch auf den Kapitän, der daraufhin zum Schnapsfassen auffordert und zu frisch gebackenen Pfannkuchen einlädt.

Am Abend vor dem Auslaufen versammelt sich die Mannschaft um ein mit vier Kugellaternen geschmücktes Kreuz aus Schiffsplanken, das »Salpeterkreuz«. Sie stimmt »Rolling home« an, genießt das Läuten der Schiffsglocken, das von den Frachtseglern sämtlicher Nationen in der Nähe erklingt. Vielleicht 79 Tage bis Hamburg liegen nun vor der Crew, vielleicht auch 107 zunächst nur bis London.

DOCH DANN KOMMT ES 1912 ZU EINEM ERSTEN SCHWEREN SCHLAG für den Handel mit dem Düngemittel aus der Atacama: Die Versicherungsprämien für die Salpeterladungen auf Segelschiffen werden um 30 Prozent erhöht; zugleich bricht eine Alternative weg, weil Peru seine Guano-Vorkommen (die eine Alternative zum verteuerten Salpeter sein könnten) gegen Raubbau zu schützen versucht.

Einen noch gewaltigeren Einbruch für die Salpeterfahrten deutscher Frachtschiffe bringt 1914 der Erste Weltkrieg. In jenem Jahr wird zwar auch der Panamakanal eröffnet, zur Konkurrenz für die Kap-Hoorn-Route wird er allerdings erst mit seiner offiziellen Freigabe sechs Jahre später. Der Weltkrieg dagegen hat sofort Effekte. Mehrere Laeisz-Segler, darunter die PEKING, liegen in chilenischen Häfen fest, sind interniert. Andere werden am Auslaufen durch eine Blockade in der Nordsee gehindert.

Zugleich verliert der Salpeter dadurch an Wert, dass es zwei deutschen Chemikern gelingt, ihn zu ersetzen.

VON BRIGGS UND BRIGANTINEN

Es gibt Dutzende Typen von Segelschiffen. Hier einige der am meisten verbreiteten.

Bark: mindestens drei Masten. Rahsegel an den vorderen, Gaffelsegel am letzten Mast. Kleine Crew, schnell.

Schonerbark: Rahsegel am vorderen Mast, sonst Gaffelsegel – jene unregelmäßig viereckigen Segel, deren obere Kante mit einer Spiere versehen ist.

Brigantine: Zweimaster, der vorn Rahsegel, am Großmast aber Gaffelsegel führt. Kann so höher am Wind segeln als eine Brigg.

Brigg: Zweimaster mit Rahbetakelung an beiden Masten, der am Großmast zusätzlich noch ein Gaffelsegel trägt.

Vollschiff: mindestens drei Masten, allesamt rahgetakelt. Am hintersten Mast zudem ein Gaffelsegel für besseres Manövrieren.

DIE BESTZEIT BEI EINER KAP HOORN-UMRUNDUNG LAG BEI FÜNF TAGEN. BEI STURM GEGENAN BRAUCHEN MANCHE SCHIFFE DAFÜR MEHR ALS ZEHN WOCHEN.

Sobald Wind in Orkanstärke droht, lässt der Kapitän die Türen zum Deckshaus verrammeln und an Deck zum Schutz für die Crewmitglieder Taue und Netze spannen.

Bereits 1910 hat Professor Fritz Haber mit der Ammoniaksynthese aus den Elementen Stickstoff und Wasserstoff die Grundlagen für die synthetische Gewinnung von Stickstoff geschaffen – und damit für einen Kunstdünger. Da die Ammoniaksynthese zugleich auch Ersatz ist für die bei der Produktion militärischer Sprengstoffe benötigte Salpetersäure, ist dies für das Deutsche Reich im Krieg von großer Bedeutung. Haber und sein Kollege Carl Bosch machen das Verfahren reif für die industrielle Produktion, die 1916 in den Leuna-Werken in großem Maßstab beginnt.

Selbst zwei Jahre später, nach Ende des Ersten Weltkriegs, liegen Schiffe der Reederei Laeisz dort fest, wo sie 1914 interniert worden sind. Nach Artikel 236 des Versailler Vertrags müssen sämtliche deutschen Handelsschiffe mit mehr als 1.600 Bruttoregistertonnen an die Siegermächte abgegeben werden. Die Verhandlungen darüber, wohin genau, ziehen sich für die »P-Liner« von Laeisz wie auch für einen Teil der 50 bis 60 anderen deutschen Schiffe in Chile noch weitere Jahre hin.

Viele Reedereien haben ihre Mannschaften verloren, viele Schiffe sind von Wind und Sonne ausgelaugt, mit Muscheln überkrustet, manche verrotten, geraten in

Ein Brecher schlägt an der Backbordseite über das Schanzkleid, die Bordwand am Deck des Windjammers.

Vergessenheit. 1921 haben sich die Frachtraten für Salpeter gegenüber dem Jahr 1914 etwa halbiert. Ende 1924 wird Kunstdünger in Deutschland bereits billiger sein als der importierte Salpeter aus Südamerika.

Laeisz aber gibt noch nicht auf, nachdem es einem ihrer Unterhändler gelungen ist zu vereinbaren, dass die in Chile festgehaltenen Schiffe der Reederei noch eine Ladung Salpeter nach Europa zurückbringen können und Laeisz die Fracht selbst verkaufen darf. Aus dem Erlös, vier Millionen Reichsmark, gelingt es der Firma, bald sechs Schiffe zurückzukaufen – und auch die Salpeterfahrten wieder aufzunehmen.

Sie tut das weiterhin im Vertrauen auf die Profitabilität des Geschäfts, auf die Verlässlichkeit ihrer Fünf- und Viermastbarken, auf das hohe Niveau ihrer Mannschaften. Ohnehin hat sie das Renommee, im internationalen Maßstab vergleichsweise sicher zu fahren. Ein Schlaglicht darauf wirft schon eine Statistik der Klassifikationsgesellschaft Bureau Veritas aus dem Jahre 1908. Um diese Zeit sind jährlich etwa drei Prozent aller Segelschiffe verloren gegangen, bei Laeisz sind es weniger als ein Prozent.

UND DOCH: SELBST DIESE REEDEREI BÜSST SCHIFFE EIN. Schon früh etwa die PATRIA und PALADIN durch Strandungen in Mexiko, die PERU in einem Taifun, die REPUBLIK vermutlich durch Piraterie in Fernost. Auch aus der Generation der stählernen Segler verliert Laeisz mehrere Schiffe (keinen seiner Vier- oder Fünfmaster allerdings durch eigenes Verschulden).

Im Jahr 1886 etwa verrutscht am Kap Hoorn die Ladung der PARSIFAL, 1.500 Tonnen Kohle, und krängt die eiserne Bark in einen gefährlichen Winkel. Die Mannschaft schaufelt wie verrückt, aber vergebens. Der Kapitän, Thomas Hilgendorf, lässt die Masten kappen, der Segler versinkt, die Mannschaft rettet sich in die Boote, wird von einem britischen Schiff aufgenommen.

Die PANGANI kollidiert 1903, schon vor ihrer ersten Ausfahrt aus Hamburg, mit einem auf Grund geratenen Schiff. Ein Jahrzehnt später wird sie im Englischen Kanal von dem französischen Dampfer PHRYNE gerammt und sinkt innerhalb von zehn Minuten. Nur vier Mann der 34-köpfigen Besatzung überleben.

1912 stößt die von Chile zurückkommende PISAGUA ebenfalls im Englischen Kanal mit dem britischen Passagierdampfer OCEANA zusammen, von beiden Schiffen ertrinken mehrere Menschen, als eines der Rettungsboote umschlägt.

VOR KAP HOORN TREFFEN PAZIFIK UND ATLANTIK AUFEINANDER. DIE DABEI ENTSTEHENDEN ORKANE MACHEN DIE ZONE ZUR HÖLLE FÜR SEEFAHRER.

Die zu dieser Zeit internierte PETSCHILI erwischt es im Juli 1919 in Chile. Dort liegt sie eine halbe Seemeile nördlich von Fort Pudeto, von zwei Bugankern und drei kleineren Heckankern festgehalten, als einer der gefürchteten Norder über sie kommt. Als backbord die Ankerkette bricht, wird der Viermaster in der Nacht an die felsige Küste getrieben, die Masten fallen, die gesamte Takelage kommt von oben. Die Besatzung entkommt dem Tod nur knapp.

Die PINNAS, beladen mit Koks und Zement, versinkt Ende April 1929 vor Kap Hoorn, nachdem in einem Orkan Fock- und Großmast beschädigt worden sind. Die Mannschaft arbeitet mit blutenden Händen und zerschundenen Gliedern verzweifelt an der Sicherung der Luken. Decksnähte öffnen sich. Das Wasser im Rumpf steigt. Vom Klüverbaum können sich die Männer schließlich auf ein Rettungsboot des chilenischen Dampfers ALFONSO abseilen. Oder nach einem Sprung ins Wasser retten.

Nicht ohne Drama auch die Fahrten der PITLOCHRY, die bereits einen Zusammenstoß hinter sich hat, als sie auf einer Tour um Kap Hoorn Fock- und Großmast einbüßt und dann 1913 vor der französischen Atlantikküste in einer dichten Nebelbank von einem britischen Dampfer gerammt wird und binnen weniger Minuten sinkt.

Zum Verhängnis wird den schnellen Seglern nicht selten, dass die Dampferkapitäne im Ärmelkanal, einer der meistbefahrenen Routen schon zu dieser Zeit, das Tempo der Laeisz-Schiffe unterschätzen. Gleich zweimal kollidiert die PASSAT, die Schwester der PEKING, mit Dampfern: 1928 auf Chile-Fahrt im Englischen Kanal, ein Jahr darauf mit einem britischen Tankschiff. Beide Male schuldlos.

Aber während diese Zusammenstöße nur Reparaturen und keine Menschenleben kosten, nimmt die PRIWALL, da allerdings schon für eine andere Reederei unter dem Namen LAUTARO fahrend, ein schreckliches Ende: 1945, vor Peru, gerät ihre Salpeterladung in Brand, eine Explosion entmastet das Schiff, 23 Männer sterben.

Die Liste der Toten ließe sich leicht verlängern. Denn auch ohne Havarien wird in fast jedem Jahr an Bord gestorben. Allein die PERSIMMON, 1891 in England gebaut, verliert auf einer einzigen Fahrt nach Chile acht Mann durch Unfälle: zwei Matrosen und sechs Leichtmatrosen. Sie stürzen beim Festmachen der Segel aufs Deck oder gleich ins Meer; sie ertrinken beim Versuch, ein Rettungsboot klarzumachen.

Das Logo der Reederei Ferdinand Laeisz wurde immer wieder leicht verändert; hier der Stand von 1912.

Ein britischer Dreimaster liegt zerschellt vor der Küste. Die Reederei Laeisz verliert im Lauf der Jahre insgesamt mehr als ein Dutzend Schiffe, fast nie durch eigene Schuld – und zwei davon auch vor Kap Hoorn.

Andere Angestellte der Reederei sterben beim Festmachen der Ladung, wie der Zimmermann der PANGANI. Oder werden über Bord gespült, weil der Besanmast einen Teil der Reling zerstört, wie 1925 auf der PAMIR. Sie sind erst 16 Jahre alt, wie der Bremerhavener »Jungmann« Albert Kühnert, der 1924 beim Fall aus dem Besanmast auf dem Deck der PEKING zerschmettert. Oder auch erst 15 Jahre alt, als ihr Leben endet.

ETWA AB MITTE DER 1920ER-JAHRE BEGINNEN viele Reedereien damit, ihre Segelschiffe zu verkaufen oder zu verschrotten. Nur noch 33 Frachtsegler mit jeweils mehr als 1.000 Bruttoregistertonnen sind 1925 auf den Meeren unterwegs. Ein Jahr später lässt Laeisz die weltweit letzte Viermastbark bauen, allerdings als ladungtragendes Segelschulschiff: die PADUA. 1929 bringt die Weltwirtschaftskrise einen weiteren krassen Einbruch im Salpeterhandel. Weizenimport aus Australien bleibt für Frachtsegler als Alternative, auch wenn sie nicht so lohnend ist. Die PEKING startet Ende Dezember 1931 ihre letzte Salpeterfahrt unter der Flagge von Laeisz; als sie 1932 nach Hamburg zurückkehrt, ist dies das Ende einer Ära.

Zu Beginn des Zweiten Weltkriegs hat die Reederei nur noch zwei Segelschiffe im Dienst: die PRIWALL und die PADUA. PAMIR und PASSAT sind an einen finnischen Reeder verkauft.

1941 wird die PRIWALL in Chile festgesetzt, die PADUA geht 1946 als Reparationsleistung an die Sowjetunion. Nach dem Zweiten Weltkrieg beginnt die – heute im Containergeschäft aktive – Reederei Laeisz das nächste Kapitel ihrer Geschichte ganz klein: mit den Fischkuttern PLISCH und PLUM.

Lediglich vier Schiffe aus der legendären Generation der »Flying-P-Liner« haben heute noch Wasser unter dem Kiel: die PASSAT in Travemünde und die POMMERN im finnischen Mariehamn als Museumsschiffe. Die PADUA als nach wie vor aktives russisches Segelschulschiff KRUZENSHTERN.

Und die PEKING, die nun für immer in Hamburg festmacht. IIII

AB
REIS
SE
N

Ein Schiffbauer durchtrennt die verrosteten Stahlplatten des Hauptdecks.

Fast alles muss raus. Früh schon hat sich herausgestellt, dass erhebliche Teile des Schiffsrumpfes erneuert werden müssen. Und so machen sich die Mitarbeiter der Peters Werft im Spätsommer 2017 daran, alle Masten und Rahen sowie Teile der Ruderanlage, der Decksaufbauten und die Reste der Inneneinrichtung zu demontieren. Jedes Stahlteil wird nach dem Sandstrahlen überprüft und je nach Korrosionszustand ausgebessert oder erneuert. 18 Monate später sind die gröbsten Arbeiten erledigt.

Abbau des Notsteuerstandes auf dem Poopdeck. Im Lauf der Restaurierung werden die Tischler viele Teile neu anfertigen müssen.

VON DEN HOLZTEILEN DER PEKING BLEIBT NUR WENIG UNVERÄNDERT ERHALTEN, ETWA DAS KARTENHAUS. DIE INNENEINRICHTUNG, DIE NACH 1920 MEHRFACH VERÄNDERT WURDE, WIRD DAGEGEN KOMPLETT DEMONTIERT UND EINGELAGERT.

Nach dem Abriss der Zwischenwände ist das Hauptdeck sowohl unter der Poop als auch unter dem Brückendeck völlig entkernt. Nur »allerbestes Material« hatte die Reederei einst für ihr Schiff geordert, darunter Mahagoni-Möbel für den Kapitän.

Mit einem Kran wird das Kartenhaus vom Brückendeck gehoben. In dem knapp zwölf Quadratmeter großen Raum mit allen nautischen Instrumenten und Unterlagen bestimmten Kapitän und Offiziere den Kurs des Schiffes.

Mit einem Hochdrucksandstrahlschlauch reinigt ein Arbeiter den Anker der PEKING. Wegen der hohen Staubbelastung trägt er einen Spezialhelm mit externer Atemluftversorgung.

Brennarbeiten an der Bugsprietöffnung über dem Rumpf. An dem über das Schiff hinausragenden Bugspriet können bis zu vier Vorsegel gesetzt werden.

Ein korrodiertes Stück Stahl wird mit dem Schneidbrenner aus dem Unterwasserrumpf geschnitten. Deutlich ist zu erkennen, wie tief sich der Rost in das Metall gefressen hat.

GROSSE TEILE DES SCHIFFSANSTRICHS SIND MIT HOCH-GIFTIGEM ASBEST UND BLEIMENNIGE KONTAMINIERT. DAHER WIRD DAS SCHIFF UNTER MEHREREN LAGEN KUNSTSTOFFPLANEN VERPACKT UND DARF VON BESONDERS GESCHÜTZTEN ARBEITERN NUR ÜBER LUFTSCHLEUSEN BETRETEN WERDEN.

Nachdem das Heck der PEKING mit einem Sandstrahler gereinigt worden ist, wird das Unterwasserschiff penibel untersucht. Anders als ursprünglich befürchtet, konnten große Teile des Rumpfes gerettet werden.

Die Bauaufsicht überprüft die Qualität der Sandstrahlarbeit auf dem Vorschiff der PEKING am Austritt des Bugspriets. Noch ist der Segler unter einer Kunststoffhülle geschützt.

Der entkernte Offiziersbereich auf dem Hauptdeck. Teile der Stahlwände sind per Sandstrahler gesäubert und mit gelber Vorstreichfarbe beschichtet worden.

3. April 2018: Auch der Bug der PEKING ist inzwischen gesandstrahlt und mit einer Vorstreichfarbe versehen. Im Mittelteil des Schiffs ist noch die alte Beschichtung zu erkennen.

EINE FAHRT AUF DER PAMIR

DIE KRAFT UND DIE HERRLICHKEIT

Im Dezember 1929 geht der Berliner Journalist Heinrich Hauser für fast vier Monate an Bord der PAMIR, einem mit der PEKING fast baugleichen Großsegler der Laeisz-Reederei. Hauser begleitet die Crew auf ihrem Weg nach Chile, um über das Leben auf einem Frachtsegler ein Buch zu schreiben. Er erlebt Hochgefühle, wenn das Schiff durch die Fluten gleitet, aber auch Stürme und eine Beinahe-Havarie, muss Schwerverletzte versorgen und Furunkel aufschneiden. Vor allem aber wird er Zeuge des ungeheuer harten Alltags an Bord, des ständigen Kämpfens mit dem Wind, der Segel- und Wendemanöver, der gefährlichen Arbeit in fast 50 Meter Höhe. Und dann ist da noch die Hölle von Kap Hoorn.

Arbeit am Großsegel eines Viermasters. Zur Sicherheit haben sich die Männer oben in der Rah mit einem Karabinerhaken eingepickt.

Text: **Heinrich Hauser**

EIN SCHATTEN IM HAFEN

31. Dezember 1928. Die PAMIR liegt im Segelschiffhafen an den Pfählen. Hinter ihr ruht ein Dampfer; sein Rumpf ragt gut doppelt so hoch, seine Tonnage mag dreimal größer sein, aber trotzdem sieht sie viel mächtiger und größer aus. Beim Segler wirken Rumpf und Masten wie ein Leib, während beim Dampfer die Masten wie ins Leere ragen. Das feine Gerippe der Takelage eines Seglers scheint den ganzen Raum, den es umspannt, völlig zu umschließen.

Ich nähere mich der PAMIR auf einer Barkasse und sehe sie spitz von vorn, sodass ihre vier Masten wie ein einziger erscheinen. Sie wirkt wie eine der gotischen Kirchen in den Ostseestädten, deren spitze Türme in den Wolken segeln. *Als ich endlich an Deck stehe,* ist niemand zu sehen. Da hustet der Himmel. Es ist ein heftiger, verrosteter Katarrh, der sich senkrecht über mir entlädt.

Plötzlich rasselt es in den Wanten, und ein Schatten kommt die Leiter herabgeklettert, springt an Deck, geht dicht an mir vorbei, ohne mich anzusehen. Der Mann hat eine Wollmütze auf dem Kopf. Das Gesicht darunter ist blaurot vor Frost. Die Jacke wird mit Stricken zusammengehalten. Ich meinte immer, ich hätte Matrosen ganz gut gekannt, aber diese vom Himmel fallenden Segelschiffmänner scheinen einer anderen Rasse anzugehören.

Es ist dunkel. Es riecht nach nassem Rauch. Mich friert. Ich fühle mich am Rande einer wilden, fremden, unzugänglichen Welt.

ABSCHIED

Ich wollte, ich könnte richtig beschreiben, wie es auf so einem Schiff aussieht, das eine Weile im Hafen gelegen hat. Da liegt das Deck voll Dreck und Tauwerkfetzen. Die Abfälle der Kombüse sind in Haufen in den Winkeln aufgetürmt und ebenso die Asche vom Herd. Das alles darf erst auf See über Bord geworfen werden. Die Besatzung ist neu an Bord und findet sich noch nicht zurecht. Die Menschen sind missmutig, verkatert und abschiedsschwer. Alles läuft durcheinander. Es gibt kein Wasser, weil die Tanks noch nicht geöffnet sind. In den Kammern stehen Koffer; Wäsche, Schuhe und Anzüge sind durcheinander auf die Kojen geworfen. Es ist eiskalt, kein Feuer in den Öfen. Petroleumlampen brennen nicht. Abschied nehmende Frauen sitzen trostlos mitten in der Verwirrung.

FLIEGEN MIT DEM WIND

Herrgott: Nie habe ich geglaubt, dass das so wunderbar sein könnte. Der Anblick dieser gigantischen Türme aus Leinwand ist mir ungeheurer als das Schiff des höchsten Doms. Es ist so feierlich. Das Gefühl des sanften und unwiderstehlichen Zuges, der uns davonträgt, macht den ganzen Körper wie schwebend. Die vier großen Sparren mit ihren Querbalken sind eine Welt voll wundervoller Formen und unglaublicher Farben geworden. Die frühe Sonne wirft ein verklärtes und gespenstisches Licht auf Farbschatten von dumpfem Grau bis zu durchscheinend orangefarbenem Gelb. Das Alter, der Gebrauch und die Stellung der Segel zum Licht bestimmen den Farbton. Sie sind alle verschieden. Jedes einzelne hat seine besondere, wundervolle Form.

Da sind die weit geschwungenen Kurven am unteren Rand der Rahsegel, die tiefe Schwellung ihrer geblähten Leiber. Da sind die gekurvten Dreiecke der Stagsegel, da ist die unglaubliche Eleganz der gestaffelten Vorsegel, zwischen Fockmast und Klüverbaum. Das ganze Wesen des Schiffes ist völlig verändert. Es ist jetzt nicht mehr so, dass der Rumpf die Masten trägt, sondern die Masten tragen den Rumpf, stützen ihn mit ihren Segeln gegen die anlaufenden Seen, tragen ihn schwebend vorwärts, immer vorwärts, saugend und pressend zugleich. Es weht eine tüchtige Brise, aber merkwürdig windstill ist es an Deck. Wir sind auf einer Insel der Winde.

Ganz anders klingen heute die Stimmen der Matrosen, die in der Takelage arbeiten, ganz anders die Stimmen von Kapitän und Steuermann. Nicht mehr wie aus bedrängter Brust heraus, sondern frei, aus voller Kehle, heiter.

Das Schiff krängt nach der Leeseite, sodass man auf den Spitzen der riesigen Bäume über Wasser hängt. Da oben ist alles noch viel schöner und unglaublicher. Eine einzige Rah scheint größer als das ganze Schiff, und sie ist so festgefügt und dick. Man liegt auf ihr so sicher wie in einem breiten Bett, und da tief, tief unten ist das Schiff ganz klein und weht dahin über die glitzernd blaue, schaumstreifendurchzogene See.

WENDE

Sobald der Kapitän Befehl gibt: »Klar zum Wenden«, hören alle anderen Arbeiten auf, und über das Deck dröhnt das Trappeln eiliger Füße. Die obersten Rahen werden heruntergelassen, der Besan, das hinterste Segel, wird eingeholt, Focksegel und Großsegel werden aufgeholt, um die Manövrierfähigkeit des Schiffes zu

Heinrich Hauser, 1901 geboren, studiert einige Semester Medizin, ehe er ab 1922 vier Jahre lang als Matrose fährt und anschließend beginnt, Essays, Romane und Reportagen zu schreiben – darunter auch über seine Fahrt auf der PAMIR.

Dies ist eine kondensierte Version der Reportage von Heinrich Hauser. Kürzungen sind nicht kenntlich gemacht; die kursiv gesetzten Passagen wurden zum besseren Verständnis eingefügt.

KLAR ZUR WENDE: »DIES IST DIE HÄRTESTE ARBEIT, DIE ICH KENNE. 200 TALJEN MÜSSEN DURCHGEHOLT WERDEN, DUTZENDE ANDERER ARBEITSGÄNGE GEHÖREN DAZU, UND DAS ALLES MIT ZWÖLF BIS 15 MANN.«

erleichtern. In Gruppen von vier, fünf Mann reißen die Matrosen an den »Taljen«, den Flaschenzügen, angeführt von einem Vorsänger, der mit allen möglichen ermunternden Zurufen den Rhythmus der Arbeit bestimmt.

Sind alle Vorbereitungen getroffen, gibt der Kapitän das Kommando zum Legen des Ruders. Das ist eine herzbrechende Sache für den Rudersmann. Das große Steuerrad dreht sich schwer, denn ungeheuer drückt die See gegen das Ruder an, und vielleicht hundertmal muss das Rad gedreht werden, damit das Ruder hart Backbord oder hart Steuerbord liegt.

Wenn der Riesenleib des Schiffes langsam herumzuschwingen beginnt, werden die Vorsegel losgeworfen. Ein ungeheures Flattern, ein donnerartiges Knattern der Leinwandflächen beginnt. Wie Vogelschwingen schlagen die Segel. Gespannt beobachtet der Kapitän den Kompass, die Segel und das Kielwasser, das jetzt einen breiten Bogen zeichnet.

Liegt das Schiff dann »im Wind«, geht ein leichtes Zittern durch die Takelage: Zuerst am Fockmast beginnen die Rahen zu schwanken, unentschlossen wie Balken einer Waage, die sich im Gleichgewicht befindet. Minuten vergehen; dann erhebt sich plötzlich ein Rauschen, wie wenn der erste Windstoß eines aufkommenden Gewitters über die Wipfel eines Waldes fegt: Die Rahen am Fockmast schwingen in mächtiger Bewegung um den Mast herum. Das ist ein Anblick, so überraschend und erstaunlich, als drehte sich der Kirchturm unserer Heimatstadt, der hundert Jahre fest auf seinem Platz gestanden hat, plötzlich herum.

Es ist ein unerhörter Augenblick, wenn die riesigen Rahen sich drehen, taumelnd schnell und unerhört feierlich zugleich. Und dann die atemlosen Sekunden, wo es totenstill ist, wo mit einem Mal kein Lüftchen weht, wenn das Schiff im Wind steht. Nun folgt ein Mast nach dem anderen, und in fieberhafter, rasender Arbeit werden die Segel auf der anderen Seite festgemacht. Der Rudersmann lässt sein Rad herumschwingen, damit das Schiff nicht zu weit abfällt, und steuert ein, sodass die Segel eben vollstehen.

Das Manöver dauert, wenn alles gut geht, etwa 20 Minuten. Es ist die härteste und konzentrierteste Arbeit, die ich kenne. 200 Flaschenzüge müssen angeholt werden, Dutzende anderer Arbeitsgänge gehören dazu, und das alles mit zwölf bis 15 Mann.

Die PAMIR, eine Viermastbark von 114,5 Meter Länge, wird 1905 gebaut und gleicht der PEKING in vielen Details. Sie sinkt 1957 in einem Sturm, 80 der damals 86 Besatzungsmitglieder kommen ums Leben.

BEGEGNUNG

Heute Abend hätten wir im Englischen Kanal um ein Haar einen Zusammenstoß mit einem Dampfer gehabt. Er ging in Ballast und ragte hoch aus der See. Er schlingerte wild bei dem ziemlich starken Seegang. Er kam von Backbord her. Es wurde unheimlich, wie er immer spitzer auf uns zulief. Wir konnten nicht viel tun. Er sah uns zu spät. Nicht aufgepasst. Haushoch war er plötzlich dicht bei uns! Ich packte die Reling: Gleich kommt der Stoß. Es ging so wahnsinnig schnell. Da war er auch schon vorbeigeglitten, haushoch, schlingernd und rollend in der schweren See, keine fünf Meter hinter unserem Heck vorbei. Unheimlich, die riesige Gewalt und die Schnelligkeit in beiden Schiffen, die man in diesem Augenblick atemraubend spürte.

So ein riesiger Segler wie die PAMIR taucht im Dampferverkehr auf wie ein Gespenst. Kreuzend gegen Wind laufen wir ganz andere Kurse als die Dampfer. Dadurch kommen wir so vielen in die Quere. Bei Nacht kann man aus den Lichtern, die der Segler führt, nicht schließen, ob er groß oder klein ist. Sind wir aber erst so nahe, dass die anderen uns sehen, sind sie scheinbar immer ganz erstarrt vor Staunen, dass es so etwas noch gibt: so himmelhohe Masten, die dicht vor ihnen aus der Nacht herauswachsen.

STURM

Gegen sieben setzen vor Englands Südküste orkanartige Böen ein. Ich stehe achterkante vom Hochdeck und beobachte die Kreuzmarssegel, die schon große Risse zeigen. Plötzlich zerplatzen nacheinander sämtliche Segel am Kreuzmast: Oberbram, Unterbram, Obermars. Die See ist weiß, so wie ich sie noch nie gesehen habe, kochend. Trommelfeuer der zerfetzten Segel an dem riesigen Turm des Kreuzmastes, der zu stürzen scheint. Rasendes Knattern. Scharfe, metallische Laute: Stahl, der gegen Stahl anschlägt. Ich rechne jeden Augenblick damit, dass die Rahen herunterkommen und das Deck zerschmettern. Mächtige Fetzen, gekrümmt wie Flammen, flattern von den Segeln fort.

Das Schiff hat jetzt starke Schlagseite nach Backbord und behält sie bei. Es segelt mit der Backbordreling durch Wasser. Das Deck ist so steil, dass man kaum mehr gehen kann. Prasselnde Schläge in den Masten. Donnern. Scharfes Klirren von Metall. Luken und Deck sind bis zum Rand der Verschanzung dauernd unter Wasser. Es ist nichts zu sehen vor Gischt. Alles grauweiß. Mehr Wasser als Luft.

STURM: »DIE SEE IST WEISS, SO WIE ICH SIE NOCH NIE GESEHEN HABE, KOCHEND. ICH RECHNE JEDEN AUGENBLICK DAMIT, DASS DIE RAHEN HERUNTERKOMMEN UND DAS DECK ZERSCHMETTERN.«

NACH DEM ORKAN

Wir haben vollkommene Windstille, dabei hohe Dünung. Das Schiff wälzt sich im Wasser, taumelt und steht dann plötzlich steif aufgerichtet sekundenlang ganz still auf einer Woge. Ich bin vorn auf den Klüverbaum geklettert, der sehr lang ist und steil nach oben führt. Schräg von oben überblickt man hier das ganze Schiff. Nichts ist in Sicht; eine große Stille hüllt uns ein und Einsamkeit. Die PAMIR, unser Dorf, belebt allein die Welt: in sich geschlossen, zufrieden und sich selbst genug. Man hört Stimmen und Hammerschläge. Ein ruhiges und friedliches Gefühl erfüllt mich, ein Gefühl des »In-die-Ordnung-Kommens«. Manchmal erscheint es mir ganz unwahrscheinlich, dass ich auf einem Schiff bin.

FIEBER

In der Nacht kommt jemand in den Salon gelaufen und ruft: »Einer von der Backbordwache ist am Ersticken!« Der Kapitän nimmt eilig Löschpapier und Senfspiritus,

Ein Crewmitglied bringt sich in Sicherheit, als Brecher über das Deck schlagen. Über dem Schanzkleid ist ein Schutznetz angebracht, »Leichenfänger« genannt.

Mit einem Sprung in die Strecktaue rettet sich ein Matrose vor der tosenden See, um nicht über Bord gespült zu werden.

und wir laufen nach vorn. Das Matrosenlogis ist eine tiefe Höhle, vollgehängt mit Decken und feuchten Kleidungsstücken. Die Petroleumlampe brennt; ein paar Mann sind aus dem Schlaf gefahren und stehen vor der Koje eines Mannes, der keucht und stöhnt. Er liegt eingeklemmt in seiner Koje und schlägt mit dem Kopf immer gegen den Tabakskasten oben. Seine Augen sind ganz verdreht, er wird geschüttelt von Frost.

Der Senfspiritus belebt ihn etwas, aber er kann kaum sprechen. Er glüht in Fieber. Wie wir das Hemd zurückschieben, sehen wir rote Punkte auf seiner Brust. Ich frage, ob er mal Masern gehabt hat. Er schüttelt den Kopf, röchelt und speit schließlich einen farblosen Auswurf aus. Das Fieber ist beinahe 40, und der Puls hat 120 Schläge. Der Kapitän und ich gehen zum Salon zurück, und jeder sieht in das Medizinbuch, von dem zwei Exemplare an Bord sind. Ich denke an eine Lungenentzündung. Der Kapitän dagegen tippt auf Masern.

Wir gehen wieder zum Matrosenlogis. Diesmal verordnen wir kalte Umschläge auf die Stirn. Der Matrose ist benommen und spricht unzusammenhängend mit ostpreußischem Dialekt. Sein Atem ist weißer Hauch, obwohl es im Logis nicht kalt ist. Die Zunge ist stark geschwollen und dunkelrot. Wir fühlen uns hilflos, nicht sicher, was wir machen sollen.

Nachts um vier werde ich geweckt: Der Kranke leidet wieder unter Erstickungsanfällen und hat gebrochen. Diesmal sieht die Sache braun aus. Das Fieber ist noch weiter gestiegen. Ich gebe zwei Tabletten Aspirin. Auf alle Fälle soll der Matrose, wenn es hell wird, ins Lazarett. Das ist achtern, sehr feucht und ausgekältet, denn es wird fast nie benutzt. Der erste Steuermann hat seinen Petroleumofen hergeliehen; mit dem wird jetzt der Raum erst ausgetrocknet.

Gleich nach dem Frühstück wird der Kranke transportiert. Es ist ziemlich viel Seegang, und Wasser kommt über an Achterdeck. Das Fieber ist jetzt schon über 40. Ich gebe noch mal Aspirin, um es herabzudrücken. Die Augen sind ganz verschwollen, der Atem geht rasselnd. Wir setzen ein Telegramm auf, das die Symptome beschreibt. Es meldet sich ein Motorschiff, das einen Arzt an Bord hat. Wahrscheinlich handelt es sich um Scharlach, und wir haben nun Anweisung, was wir machen müssen. Allerdings sind die empfohlenen Arzneimittel Phenacetin und Pyramidon nicht in der Schiffsapotheke enthalten. Zum Glück besitze ich Pyramidon. Am Abend ist das Fieber nur noch 38,5, und er erholt sich langsam.

NADEL UND FADEN

Fünf Mann sind abgeteilt, um beim Segelmacher und seinem Gehilfen zu arbeiten. Wenn Frauen das sähen, dann würden sie wahrscheinlich lachen: Acht große Männer, die an Deck sitzen und mit Nadel und Faden arbeiten. Das Tuch ist dick, schwer und außerordentlich hart. Die Nadeln sind dreikantig zugespitzt und fast so groß wie ein Stilett. Statt eines Fingerhuts gebraucht man

einen Segelhandschuh: Ein breiter Lederriemen umspannt die rechte Hand und trägt in der Gegend des Daumenballens eine Stahlplatte, die eingekerbt ist wie ein Waffeleisen. Man näht mit doppeltem Segelgarn, das vor der Arbeit in Teer getaucht wird. Das Garn ist so stark, dass man an einen Faden gut zwei Zentner hängen kann. *Auch* der Kapitän *macht mit; er* näht wie eine Windmühle.

IN DER TAKELAGE

19. Januar. Wir haben die Breite von Gibraltar erreicht. Blendende Sonne, hochgehende See und eine scharfe Brise in Stärke sechs bis sieben. Ich bin in den Fockmast gestiegen. Oben in der Takelage lebt man in einer Welt für sich. Man ist so weit entfernt vom Deck, dass man den Schiffsleib fast vergisst: Ganz klein und schmal liegt er tief unten im Meer.

Die Toppsgäste sitzen in ihren Masten und verrichten allerhand Arbeiten. Man begrüßt sich, wenn man sich in der Takelage begegnet – was man an Deck nicht tut. Die Toppsgäste wohnen geradezu auf ihrem Mast und betrachten ihn als einen Besitz. Man hat gar kein Gefühl für die Höhe und denkt nie an die Möglichkeit eines Falls.

PASSAT

2. Februar. Das Einsetzen der Passatbrise heute früh war ein wunderbares Schauspiel. Das Meer hat schon die bleierne Haut, die so typisch ist für die Breitengrade zwischen zehn und dreißig. Es rollt in großen, runden Hügeln von wechselnd mattem Glanz und trüben Tiefen. Im Nordwesten, 1.500 Meilen von uns entfernt, müssen große Stürme gewesen sein: Die Dünung läuft uns bis hierher nach, und die PAMIR rollt wie eine Kugel ohne Schwerpunkt.

Es gibt viel Arbeit mit dem Auswechseln der Segel. Die Sturmsegel werden abgeschlagen, und die Passatsegel werden aufgebracht. Da Wind und Wetter in den Passaten gleichmäßig und frei von Stürmen sind, können jetzt die älteren und schwächeren Segel gefahren werden. Unser Deck sieht aus wie ein großer, verwüsteter Wäscheschrank. Alle abgeschlagenen Segel werden ausgebreitet, zum Trocknen aufgehängt und untersucht.

Um die Arbeit zu Ende zu bringen, hat der Kapitän den Sonntag um zwei Tage hinausgeschoben. Der Kapitän ist mächtig wie der Papst: Er kann den Kalender ändern.

SCHWEINSBEULEN

Die Hälfte der Besatzung leidet unter Furunkeln, den *»Schweinsbeulen«*. Meist muss geschnitten werden. Schuld an der ganzen Sache ist vor allem die Schiffskost, die sehr salzig und vitaminarm ist. Ein zweiter Grund sind die beständigen kleinen Verwundungen, vor allem durch rostige Drahtseile, bei denen einzelne Drähte gerissen sind, die sich spitz durch die Haut bohren, *wenn sie einem* durch die Hände laufen. Der dritte Grund ist mangelnde Sauberkeit, an der sich wenig ändern lässt, denn Waschwasser ist eben knapp auf Segelschiffen.

Unser Dorf ist damit beschäftigt, alles stehende und laufende Gut der Takelage zu schmieren und zu labsalben. Die Matrosen klettern die Wanten hinauf mit Teerpötten, die an einer Leine von den Hüften baumeln. Die Masten sind glitschig. Es stinkt nach Talg und Tran. Das Deck wird neu kalfatert. Die Ritzen werden ausgegossen mit Teer. Es bleibt kaum irgendwo ein sauberer Fleck.

VORBEREITUNG

6. März: Den ganzen Vormittag über wurden die schwachen Passatsegel in die Segelkoje geschleppt und die schweren Schlechtwettersegel aufgebracht. Vorzeichen für Kap Hoorn. Segelschifffahrt ist wie Krieg mit tausend wechselvollen Lagen, denen das Schiff mit tausend Künsten, tausend Listen begegnen muss.

EIN HAI: »ER KOMMT HOCH, SCHLAGEND UND WINDEND, SEIN LEIB TAUCHT ÜBER DIE RELING, SEIN SCHWANZ HAUT GEGEN DIE STANGEN, DASS DER STAHL KLIRRT.«

STURZ

13. März: Heute war ein schöner Abend mit frischem Wind. Der Mond stand schon am Himmel, also war es ganz hell. Die Bewegung des Schiffes war unregelmäßig durch die Dünung. Ich ging auf dem Hochdeck hin und her, da hörte ich ein leises Geräusch, einen merkwürdig stumpfen Ton. Im nächsten Augenblick sah ich Leute hastig die Eisentreppe zur Back hinauflaufen. An Deck lag ein Körper.

Es war einer unserer Leichtmatrosen, der Lampentrimmer. Jeden Abend hatte ich ihn über Deck gehen sehen mit den brennenden Kompasslampen; die setzte er dann in die gelben Messingtürmchen am Kompass ein und streifte schwarze Wollsocken darüber gegen den Wind. Jetzt lag er da mit einem traurig eingeschlagenen Gesicht, dass ich ihn nicht erkannte, und Blut lief über Deck. Ich holte Verbandzeug. Als ich zurückkam, war er bei Besinnung. Sie hatten ihn etwas aufgerichtet und hielten ihn, und er stöhnte aus klaffenden Lippen. Der Schreck saß ihm weiß in den aufgerissenen Augen.

Vom Fockstag war er abgestürzt. Auf dem schrägen Drahtseil hatte er gehockt. Er hatte sich nicht angeseilt,

Mit einer Angel fangen die Männer der PAMIR einen Hai. Hauser notiert: »Die Matrosen wetzen die Messer an seiner Haut; das knirscht wie Schmirgel.«

Gruppenbild nach der Äquatortaufe: In der Mitte Neptun und seine Gemahlin, sitzend vor ihnen drei Täuflinge.

VON NEPTUN GETAUFT

Das Feiern der ersten Äquatorquerung im Leben eines Seemanns gehört zu den archaischsten Ritualen auf Segelschiffen. Der Brite Eric Newby erinnert sich.

Dienstagnachmittag hörte alle Arbeit am Schiff auf. Eine Persenning wurde aufgebracht: das Taufbecken. Das Wasser mussten wir in Pützen holen. Plötzlich sahen wir uns von einer Bande Piraten unter Führung eines Matrosen umringt. Der Kerl sah furchterregend aus und trug über einem Auge eine Klappe. Sieben Täuflinge wurden in das erstickend heiße Bootsmannschapp gesperrt, fünf andere drängte man in einen Raum an Backbord. Uns drang der Schweiß aus allen Poren. Plötzlich brach an Deck die Hölle los. Die Tür wurde aufgerissen, und wir wurden hinausgezerrt. Einer spielte den Kaplan, trug einen langen Ölmantel und auf dem Kopf einen hohen grünen Zylinder, der aus einer Seekarte gefertigt war. Wir mussten vor ihm hinknien, und er verlas einen äußerst lästerlichen Sermon.

Dann eine Pause, in der jeder von uns einen tüchtigen Schluck Aquavit vom Kapitän erhielt, woraufhin wir wieder in das Schapp gesperrt wurden. Erneutes Warten in trüben Vorahnungen, dann holten sie Hermansonn als Ersten heraus. Brüllen, Hohnlachen, Schmerzensschreie – Stille.

Als ich an der Reihe war, zerrten die Piraten mich mit verbundenen Augen über das Deck. Dort war eine steif durchgesetzte Leine gespannt, ich stolperte und schlug der Länge nach zu Neptuns Füßen aufs Gesicht, wobei ich die Augenbinde verlor. Neptun zierte ein wunderschöner Backenbart aus Hanf, und auf dem Kopf thronte eine goldene Krone aus einer Margarinebüchse. Weit scheußlicher sah Hilbert als seine Gemahlin aus. Er trug ganz eng anliegendes Sportzeug, unter dem zwei große Schalen die Brüste ersetzten.

Auf Befehl der beiden wurde ich dem Arzt »überstellt«. Ihn spielte der Zweite Offizier in einem glänzend schwarzen Gummimantel und Gummihandschuhen. Ein Gehilfe flüsterte ihm etwas ins Ohr. Prompt kreischte dieser: »Du stehst im Scheißhaus auf der Brille! Du musst krank sein!« Ich hielt den Mund, musste ihn aber zu einem Schmerzgebrüll öffnen, als irgendein spitzer Gegenstand – vermutlich ein Nagel – in mein Gesäß gestoßen wurde. Im nächsten Augenblick wurde mir ein Brei aus Maschinenöl, Teig und Muskatnüssen in den Mund gestopft, sodass ich ihn schlucken musste. Dann rissen sie ihn gewaltsam sperrangelweit auf und gossen eine übelschmeckende Flüssigkeit hinterher.

»Und nun etwas gegen Hämorrhoiden«, schlug jemand vor. Ich wurde auf einen Lukendeckel geworfen, und Jansson, der wie ein abgerissener Straßenmusikant aussah, ging ans Werk. Mit großen Malerquasten überkleisterte er mich dreimal von Kopf bis Fuß mit Mennige, Teer und weißer Farbe, wobei er keinen Körperteil ausließ.

Anschließend schnitt mir Kroner, der Barbier, mit einer großen Schere zwei Furchen über die ganze Kopfhaut und pinselte sie mit grüner Farbe an. Dann schlug die Königin ihren Dreizack auf meinem bloßen Rücken kaputt und sprach dazu: »An diesem glücklichen Tag taufen wir dich, Englands Hoffnung« – woraufhin er mich in die steinharte, flach gespannte Persenning stieß.

Zwei von uns waren die Einzigen, die sich wehrten. Der eine gebärdete sich wie ein Wahnsinniger, sodass es erst dem gesamten Gefolge Neptuns gelang, ihn zu bändigen. Als ich sah, wie es den beiden erging, war ich froh, keinen Widerstand geleistet zu haben. Sie mussten – braun und blau geschlagen – ins Logis, um ihre Wunden zu kühlen.

Nach dem Ende der Zeremonie gab es wieder Aquavit und etwas Portwein. Dann begann vor dem Mast eine endlos lange Schlacht mit Teig und Pützen voll Wasser. Mir war mit meinem Kopf voller Teer und Mennige schrecklich zumute, und alles tat mir weh.

Zwei Stunden später sah ich dank sehr viel Öl und Sand schon etwas besser aus, hatte aber immer noch große Schmerzen.

Als ich ans Ruder kam, fragte der Erste: »Wie war die Taufe?«

»Schauerlich«, antwortete ich.

wie es angeordnet war. Er muss auf scharfe Kanten aufgefallen sein. Sein Unterkiefer war ganz eingeschlagen auf der rechten Seite. Man sah in einen blutigen Mund, in dem die Zähne ganz nach innen geschlagen waren. Unter den Lippen und unterm Kinn war das Fleisch aufgeschlitzt. Blut lief aus Mund und Nase über dies traurige, beschmutzte Gesicht und über die schwarzen Bartstoppeln.

Der Kapitän kam über die Laufbrücke gerannt. Er war blass. »Junge, Junge«, sagte er. »Und den Arm hat er auch gebrochen.« Ein Gefühl von Hilflosigkeit fasste mich an. Da war ein Armbruch einzurenken und zu schienen. Da war ein Unterkieferbruch und wer weiß was sonst noch. Da waren mehrere große Wunden, die genäht und verbunden werden mussten. Und niemand konnte uns helfen als wir selbst, die wir so gut wie nichts verstanden und nichts hatten als die spärlichen Mittel der Arzneikiste.

Ich gab ihm eine Morphiumspritze. Wir wuschen die Wunden aus. Wir schlugen das Medizinbuch auf und lasen nach, was da stand über Arm- und Kieferbrüche. Es dauerte drei Stunden. Drei Stunden flickten unerfahrene Hände an einem zerschlagenen Körper herum. Das Schlimmste war das Einrenken des gebrochenen Unterkiefers.

Es kommt mir vor, als wäre uns die ganze Nacht vergangen, gebeugt über den warmen blutdünstenden Atem des entstellten Gesichts. Wir brauchten unsere ganze körperliche Kraft. Wir banden die Zähne mit Seidenfäden aneinander, um den Bruch zu halten. Wir versuchten es auch mit einem Stückchen Blech. Wir nähten ihn mit gewöhnlichen Nähnadeln. Da war das Fleisch so fest, dass das Nadelende sich eher durch die Hornhaut unserer Finger bohrte als durch die Haut des Jungen.

Er blieb wach, nur die Schmerzempfindung war herabgesetzt. Er sprach zu uns. Er bat, wir möchten doch ja den Kiefer richtig zusammenbringen, damit er geradeheilte. Das breite, blutverschwollene Kindergesicht stammelte: »Wird es denn wieder gut? Wird es denn wirklich wieder gut?« Ich meinte etwas Bestimmtes zu spüren hinter diesem dringenden Verlangen, nicht entstellt zu werden. Ich glaube, dass er an sein Mädchen dachte, zu Haus in Hamburg.

32 MANN

Wir sind an Bord 32 Menschen. Es sind jetzt drei Monate, dass wir zusammenleben. Dieses Vierteljahr hat mir wieder gezeigt, dass es keine Menschenklasse gibt, mit der es sich besser auskommen lässt, als die Seeleute.

Wenn die Mannschaft neu gemustert sich an Bord des Schiffes trifft, dann weiß jeder, dass er jetzt für lange Zeit Kameradschaft mit den andern halten muss. Man beobachtet und weiß, dass man beobachtet wird. Man fühlt sich ein in das Wesen des Schiffs, in den Charakter des Kapitäns, der Steuerleute und der Kameraden. Jedes Schiff hat seinen bestimmten »Ton«, den es selbst dann bewahrt, wenn man ihm eine ganz neue Besatzung gibt.

ORKAN: »DAS SCHIFF NIMMT GEWALTIGE SCHLÄGE HIN WIE EIN UNTERLEGENER BOXER. ES LEIDET WIE EIN MENSCH IN GROSSER KÖRPERLICHER NOT.«

Jede Besatzung hat ihren Schwerpunkt, ihren Akzent. Sind etwa überwiegend Hamburger an Bord, so nimmt die ganze Besatzung ein Hamburger Wesen an, das sich bis auf die Sprache erstreckt. Das Platt, das dann gesprochen wird, ist Hamburger Platt.

Sind die Wachen erst eingeteilt, und hat man ein paar Tage zusammengearbeitet, dann haben sich die Menschen zusammengefunden, wie sie zusammengehören. Jeder Matrose hat sich seinen »Maker« gesucht, den Mann, mit dem er zusammen am Strang zieht. Die Maker helfen sich bei der Arbeit, beim Waschen, halten gemeinsam ihren Proviant, ihr Seifenwasser. Meist sind sie aus dem gleichen Ort, oder sie sind früher schon zusammen gefahren, oder sie waren zu verschiedenen Zeiten auf dem gleichen Schiff oder bei derselben Kompanie. Diese Kameradschaft hält eng zusammen, sodass es für einen Matrosen ein großes Unglück bedeutet, wenn sein Maker auf eine andere Wache kommt.

Schwerer haben es Kapitän und Steuerleute, miteinander auszukommen. Die Reibungsflächen sind größer, weil die Arbeiten sich überschneiden, weil der Ehrgeiz eine Rolle spielt, weil jeder gewisse Rechte hat. Über Meinungsverschiedenheiten in seemännischen Dingen –

Das nächste Tiefdruckgebiet. Wieder rollen Brecher übers Deck, sogar über das erhöhte Brückenhaus (hier die MOSHULU, von der Fockrah gesehen).

Nach einem Sturm sind alle Rahsegel zerfetzt. Hauser schreibt: » Die PAMIR sieht mit den flatternden Fetzen aus wie über die Toppen geflaggt.«

etwa die Art, wie ein Segel gesetzt oder ein Tau geschoren oder ein Ladegeschirr aufgebracht werden soll – kann man sich so erhitzen, dass man sich mit geballten Fäusten und gefletschten Zähnen gegenübersteht. Oder schlimmer noch: Der Streit kommt nicht zum Ausbruch, die Menschen fressen die Sache in sich hinein und hassen sich.

Aber nie habe ich erlebt, dass die Spannungen zwischen den Menschen stärker gewesen sind als das Band, das Schiff und Mannschaft aneinanderbindet. Wir fühlen, dass das Meer Macht hat über uns und dass wir vor ihm nicht bestehen können, wenn wir kleinlich sind.

KAP HOORN

Die Fahrt nach Westen um Kap Hoorn kann man in vier Etappen einteilen: Die erste ist die Straße von Le Maire – die haben wir gerade gewonnen (siehe Karte Seite 35). Die zweite ist das Vorbeikommen an Diego Ramírez *(einer Inselgruppe etwa 60 Seemeilen südlich von Kap Hoorn)*.

Der dritte und schwerste Abschnitt ist das Vordringen nach Westen bis zum 80. Längengrad. Hier wird am schwersten gekämpft gegen die Stürme und gegen den starken Strom, der die Schiffe nach Osten zurückversetzt. Die vierte Etappe ist die Aufgabe, sich aus der hohen Breite von 59 bis 62 Grad herunterzuarbeiten nach Norden bis zum 50. Grad.

Der Kap-Hoorn-Himmel umschließt uns wie ein tiefes Grab. Da stehen riesige schwarze Wolkenwände, unglaublich drohend und schwer. Darüber breite weiße Kanten, mit Überstrahlungsrändern durch die unsichtbare Sonne. Im Zenit aber ist der Himmel völlig weiß, ein Weiß von verschiedener Dichtigkeit, bald glanzlos milchig, bald wie flüssiges Eisen.

Hoch geht die Dünung. Es knackt und knarrt im Schiff. Auch die PAMIR ist nervös.

VORBEBEN

In der Nacht wurde ich wach: Glassplitter flogen in mein Gesicht und Salzwasser. Mein Bullauge war eingeschlagen.

Die PAMIR lag weit nach Backbord über. Voraus war eine Wand aus Hagel und wehendem Wasser. In der Takelage über mir schlug und knallte die Leinwand eines zerrissenen Segels. Ganz leer war es an Deck. Kapitän, Steuerleute und alle Mannschaften hingen wahrscheinlich oben an den Rahen, um Segel zu bergen. Hagel brannte die Haut. In den Luvwanten sah ich Menschen stehen, regungslos übereinandergetürmt, fünf oder sechs. Sie konnten nicht weiter, durch Winddruck angenagelt. Das Atmen fiel mir schwer. Ich hätte nicht schreien können gegen diesen Wind. Auch die Menschen im Mast waren ganz still.

Am Morgen: graues Licht über einem wüsten Deck. Verknäulte Drähte, verschlungenes Tauwerk, Segelfetzen in den Wanten, Masten und gereffte Segel weiß von Schnee. Die Menschen sahen müde und verfroren aus. Hände und Gesichter blaugrau von Frost. Einige hatten sich ihre Bettdecken unter das Ölzeug gewickelt. Einem hing ein hellblaues Wollhemd wie eine Schürze über die Hose. Zerrissenes Ölzeug war mit Stricken um die Leiber festgebunden. Einige hatten sich mit Fetzen von Segeltuch ausgestopft.

INFERNO

Ich denke, jetzt weiß ich, was ein Orkan ist. Zuerst, als es anfing, gegen fünf Uhr, da sah das Schiff aus wie in Watte gepackt von den weißen Seen. Was dann kam, war vollkommen anders als alle Begriffe, die ich in sechs Jahren Seefahrt mir vom Orkan gemacht hatte. Tiefe Ruhe und feierliche Stille: Das ist ein Orkan. Das Meer steht fest. Es ist ein Gebirge mit hoben Bergen und weiten Tälern, wie in Stahl geschnitten. Es ist eine Landschaft wie zur Zeit der Schneeschmelze. Auf den Kämmen der Berge liegen weiße Gletscher, und die Täler sind streifig von dünnen, schaumigen Schmelzwasserbächen.

Die PAMIR (im Vordergrund) und die Viermastbark POMMERN, gebaut 1903, begegnen sich auf einer ihrer Reisen.

Ich stehe angeklammert an der Wand vom Kartenhaus. Obwohl ich mich überhaupt nicht bewege, ist es eine große Anstrengung, bloß zu leben. Der Körper hat sich ohne Zutun des Willens straff gespannt wie ein Gummiball. Das Schiff liegt manchmal über bis zu 45 Grad und mehr. Wenn man versucht, zu gehen, wird man wie ein Geschoss geschleudert, überallhin, von einer Ecke in die andere.

Das Schiff brüllt, als säßen 100 Löwen in den Masten. Aber das Brüllen ist so laut, dass die Ohren es nicht mehr ertragen, es wirkt wie völlige Stille. Die See kommt so selbstverständlich, so ohne die geringste Anstrengung an Bord, dass ich nicht imstande bin, mich darüber zu wundern. Das Schiff nimmt gewaltige Schläge hin wie ein unterlegener Boxer und steht dann still und zittert. Es leidet wie ein Mensch in großer körperlicher Not. Windstärke zwölf in den Böen. An Deck sind Haltetaue gespannt worden, kreuz und quer. Trifft die See einen Mann, der keinen Schutz hat, schlägt sie ihn zu Brei.

ERSCHÖPFUNG

Wenn ich ganz ehrlich sein soll: Ich bin Kap Hoorn müde. Auch die PAMIR ist müde. Seit 16 Tagen stehen die Segel unter dem Druck der Stürme. Ihr Tuch ist ausgereckt, jeder Faden darin ist mürbe geworden. Jeder Sturm hat mindestens 18 Stunden gedauert, aber auch 30, 40 Stunden. Dann vielleicht eine kurze Windstille, wo die Segel schlagen, was sie noch mehr zermürbt. Dann wieder ein Sturm. Seit 16 Tagen sitzt die Nässe in ihnen. Ein Segel ist aus organischen Stoffen gemacht, ist ein lebendiges Ding. Es kann sich wieder erholen, wenn es zur Ruhe kommt, wenn die gereckten Fasern sich zusammenziehen können, wenn es gefaltet ausruht in der Segelkoje und die Hand des Segelmachers mit Nadel und Faden darüber hingeht.

Genauso geht es dem Tauwerk. Über einen Kilometer neues Tauwerk haben wir der PAMIR während der Passate in die Takelage eingeschoren und eingespleißt. Schön gelb waren sie in ihrer Naturfarbe – oder braun, in Teer getaucht. Jetzt sehen alle diese Taue wie abgema-

ERSCHÖPFUNG: »SEGELSCHIFF-SEELEUTE SIND EINE HARTE RASSE, ABER ES GIBT TROTZDEM EINE GRENZE DESSEN, WAS DER KÖRPER AUSHÄLT.«

gert aus, so sehr sind sie gereckt. Zerfasert sind sie, zerrieben in den Blöcken und an den Nagelbänken.

Selbst die Ladung kann es zermürben. Zementsäcke liegen in den Luken übereinander in sieben und acht Schichten. Die Säcke sind aus starkem Papier gemacht. Der ganze Schiffsleib federt, und bei jedem Überholen bewegen sich die Säcke mit, ganz wenig, nur ein paar Millimeter vielleicht – aber auf den Reibungsflächen wird jedes Mal eine Spur von der harten Papierschicht abradiert: 16 Tage lang, tausendmal und tausendmal zerrieben, bis vielleicht der Sack zerfällt.

Und wie es den Dingen geht, so geht es auch den Menschen. Segelschiff-Seeleute sind eine harte Rasse, aber es gibt trotzdem eine Grenze dessen, was der Körper aushält. Kälte, Nässe, Schnee und Hagelböen, zu wenig Schlaf wochenlang. Nasses Zeug und nasse Kojen, Quetschungen vom Herumgeschleudertwerden durch die überkommenden Seen, wundgeschlagene Knochen und zerrissene Hände. Ölzeug und Salz haben die Haut kaputtgescheuert, Teer, Rost, Holzsplitter und jede Art von Dreck haben sich eingefressen.

Ich schneide jetzt täglich zwei bis drei Mann. Manchmal sind das kaum mehr Hände: Hornhautklumpen mit tiefen Schrunden voll von schwarzem Dreck, rohes, aufgerissenes Fleisch, dick geschwollene Gelenke voll Eiter.

Es ist eine harte Zeit, eine verflucht harte Zeit, und es ist immer noch nicht abzusehen, wann sie zu Ende gehen wird.

Ein Mann hoch über der See. Es ist möglicherweise Heinrich Hauser mit seiner Kamera. 1939 emigriert er in die USA und ist nach seiner Rückkehr 1948 einige Monate lang Chefredakteur der Zeitschrift STERN. Er stirbt 1955.

GESCHAFFT!

Nachts gegen zwölf war ich an Deck und sagte zum Zweiten: »Wir sind zehn Stunden lang mit ungefähr sechs Meilen Fahrt nordwärts gelaufen. Wir müssen den 50. Breitengrad passiert haben.« Kap Hoorn liegt hinter uns! Gott sei Dank.

Wir haben 18 Tage und einen halben für die Umsegelung gebraucht. Es war ein schöner, stiller Vormittag unter bedecktem, niedrigem Himmel. Wir klappten die Seiten des Skylights hoch und ließen frische Luft in die Kajüte. Vorn räumte die Mannschaft ihre Logis aus. Sie brachte alle ihre Habe an Deck zum Trocknen. Es war eine tolle Sammlung von Lumpen, nass, verfärbt, verkrumpelt, versalzen, verschimmelt. Matratzen wurden herausgeschleppt, Koffer und Seekisten. Es gibt einige Männer, die sind schon rasiert. Man erkennt sie gar nicht wieder.

Jetzt fliegt uns allen die Arbeit nur so von den Händen. Der Ankerkran ist aufgeriggt und der Anker klar zum Fallen außenbords gehievt. Das Ladegeschirr wird aufgebracht, die großen Kokskörbe stehen schon an Deck und die Plattformen für die Zementsäcke. Der Meister hat die Winschmotoren abgedeckt, das eingedrungene Seewasser abgezapft, er hat geölt, geschmiert, Petroleum aufgefüllt. Die schwere Gangway wird aufs Hochdeck geschleppt und an den Kran gehängt. Der Salon strahlt im Glanz des neuen Luftlacküberzugs. Die Strecktaue an Deck werden abgenommen, die Taue, mit denen die Lukendächer festgezurrt waren, sind gelöst.

Von Land her kommt ein süßer Geruch von Erde und von Pflanzen. Wir *sind* jetzt direkt »vorm Loch«, wie die Seeleute die Einfahrt *zum Hafen von Talcahuano* nennen. Aber *wegen einer* Flaute liegen wir in bleiernem Wasser wie ein bleierner Klotz.

AN LAND

Ich erwachte und hatte augenblicklich das Gefühl, die Luft, die durch das offene Bullauge einströmte, sei heute besonders feierlich. Da fiel mir ein, dass Ostersonntag war; dass die PAMIR nicht mehr draußen schwamm, sondern im Hafen von Talcahuano lag. Es war ein glücklicher Morgen. Es bedeutet etwas, an Land zu gehen, wenn man 110 Tage lang auf Planken gegangen ist. Ich hatte Kopfweh wie nach einem schweren Rausch.

In den Beschreibungen der ersten Erdumsegelungen habe ich gelesen, dass die Matrosen ohnmächtig wurden, als zum ersten Mal wieder der Geruch des Landes zu ihnen herüberwehte.

Ich kann mir das gut vorstellen. IIII

AUF
BAU
EN

23. Juni 2019: der komplett restaurierte Rumpf der PEKING im Trockendock der Peters Werft.

Nach der Demontage der maroden Teile beginnt die Rekonstruktion. Die Werft, unterstützt von Fremdfirmen, erneuert Teile des Rumpfes sowie das Hauptdeck und fast alle Rahen, sie restauriert die Masten und alle Decksaufbauten, stellt wo immer möglich den ursprünglichen Zustand wieder her. 960 Quadratmeter Stahl werden verarbeitet sowie 27 Tonnen Farbe und 1.500 Quadratmeter Holz. Im Mai 2020 ist das Werk vollendet.

Ein Schweißer erneuert die Stahlkonstruktion auf dem Brückendeck. Später wird hier wieder das Kartenhaus stehen.

Alle Masten sind teilweise durchgerostet. Diese Abschnitte müssen herausgetrennt und durch neue Stahlplatten ersetzt werden. Dazu kriecht ein Schweißer in den Mast und bringt von innen Widerlager für die Reparaturstücke an.

Arbeiter wechseln Teile der Außenhaut aus. Experten der Schweißtechnischen Lehr- und Versuchsanstalt Nord hatten zuvor geprüft, wie es um die Verträglichkeit zwischen den alten und neuen Stahlplatten steht.

Schweißer erneuern Teile eines Mastes sowie jene Decksdurchführung, in der er nach der Restaurierung wieder stehen wird. Drei der Masten sind 57 Meter über der Wasserlinie hoch und haben einen Umfang von bis zu 2,60 Metern.

MANCHMAL IST DIE RESTAURIERUNG AUCH ÜBERRASCHEND UNKOMPLIZIERT: DIE BULLAUGEN MÜSSEN NUR AUSGEBAUT UND GEREINIGT WERDEN.

Die aus Messing gefertigten, kreisrunden Fensteröffnungen werden mitsamt Rahmen poliert und glänzen anschließend, als seien sie neu. Nur ihr Glas ist ersetzt worden.

enviro
dress

Die Grundelemente der 16 neuen von insgesamt 18 Rahen werden von einer holländischen Spezialfirma gefertigt und dann auf der Werft zusammengesetzt, verschweißt und viermal lackiert. Die untersten Spieren messen bis zu 29 Meter; damit sind sie doppelt so lang, wie das Schiff breit ist.

Ein Lackierer beschichtet das Gangspill mit Vorstreichfarbe.

Windhutzen belüften die Innenräume. Nur wenige waren im Original vorhanden, die fehlenden werden orginalgetreu nachgebildet und wie die Masten insgesamt viermal beschichtet.

Arbeit am Kartenhaus. Es besteht aus Teak und hat deshalb die Zeiten überraschend gut überstanden. So müssen die Tischler nur wenige Teile ersetzen und das Holz sorgfältig von

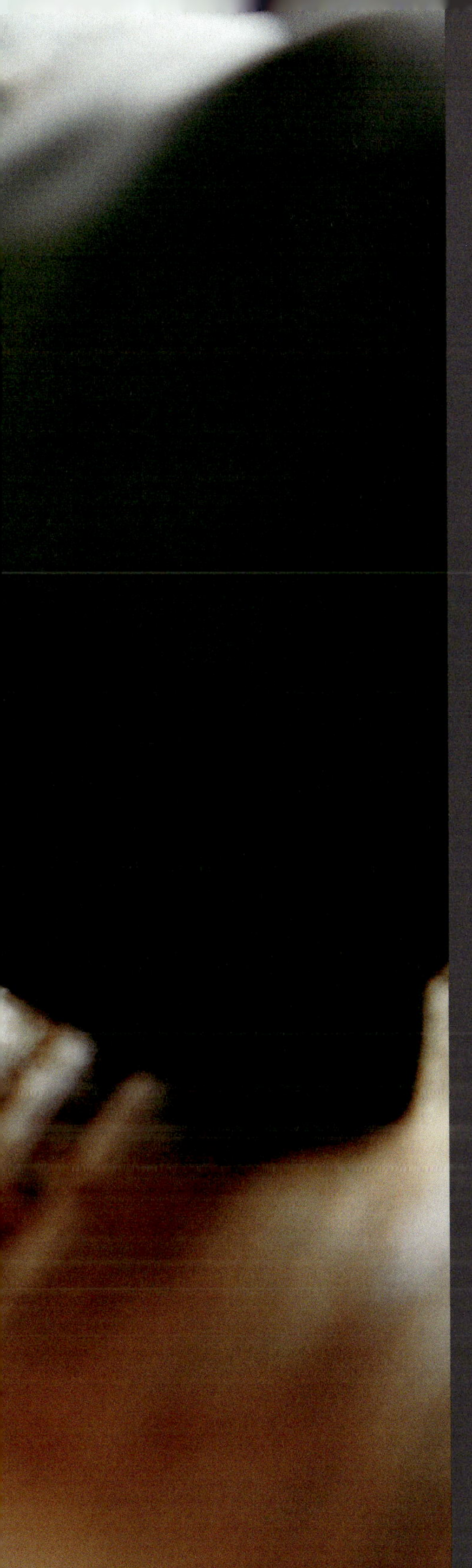

Nach dem Abbeizen und Abschleifen werden alle Wände, Fenster und Türen des Kartenhauses über Monate hinweg insgesamt mehr als ein Dutzend Mal eingeölt, um sie wieder wetterfest zu machen.

Tischler bereiten am Kartenhaus den Wiedereinbau des Daches vor. Alle Paneele sind wieder montiert und geölt worden. Wohl kein anderer Teil des Viermasters kommt dem Originalzustand so nah wie dieses Brückenhaus.

ALLMÄHLICH LÄSST SICH WIEDER ERAHNEN, WIE PRÄCHTIG DER ALTE FRACHTSEGLER BEI SEINEM STAPELLAUF VOR MEHR ALS 100 JAHREN WAR.

Kurz vor Weihnachten 2019 setzt ein Kran das restaurierte Kartenhaus wieder zurück aufs Brückendeck der PEKING. Auch die Innenverkleidung wird im ursprünglichen Zustand wiederhergestellt.

DA DIE DECKS DER PEKING LEICHT GEBOGEN UND DARÜBER HINAUS UNEBEN SIND, WERDEN SIE MIT 3-D-SCANNERN VERMESSEN, EHE MAN ANSCHLIESSEND DIE NEUEN PLANKEN MILLIMETERGENAU ANFERTIGT.

Rund 1.500 Quadratmeter Holz (Oregon Pine) werden auf den Decks des Viermasters verlegt, mit schwarzem Fugenmaterial abgedichtet und anschließend geschliffen.

Die Bauaufsicht überprüft nach dem letzten Schliff die Oberfläche des neu verlegten Holzbelags auf der Backbordseite des Schiffes. Erst kurz vor der Übergabe der PEKING wird das Deck endgeschliffen.

Nach der Beschichtung mit einem Unterwasserschutz. Deutlich ist nahe des Bugs eine fast quadratische neue Stahlplatte zu erkennen. Sie wurde eingeschweißt – und nicht

Ein Werftmitarbeiter malt per Hand die Tiefgangsmarken auf. Am Heck sind sie backbords in Fuß angegeben und steuerbords in Dezimeter; am Bug ist

25
24
23
Tel. 04871/8010

PEKIN

Nachdem der Entwurf für das Gestalten des Schiffsnamens noch mehrmals verändert worden ist, bringen ihn Mitarbeiter einer Malerfirma an Bug und Heck auf. Wichtig ist, dass er perspektivisch elegant wirkt – und zugleich dem Original entspricht.

Der Bug der PEKING – nun wieder ganz in Schwarz, der klassischen Farbe der »Flying-P-Liner«.

27. Mai 2019: Der Fockmast wird nach seiner Restaurierung von zwei Werftkränen zur PEKING gehievt. Im Hintergrund ist die Stör zu erkennen, an deren Ufer die Peters Werft liegt.

Industriekletterer helfen beim Setzen des Fockmastes. Am Großmast klariert eine Riggerin – spezialisiert auf das Einrichten der Takelage – die Befestigung der Wanten: jener Stahlseile, die die Masten seitlich abspannen.

INSGESAMT ADDIERT SICH DAS GEWICHT DER TAKELAGE – ALSO ALLER MASTEN, RAHEN, WANTEN, STAGE, BLÖCKE UND TAUE – AUF MEHR ALS 160 TONNEN.

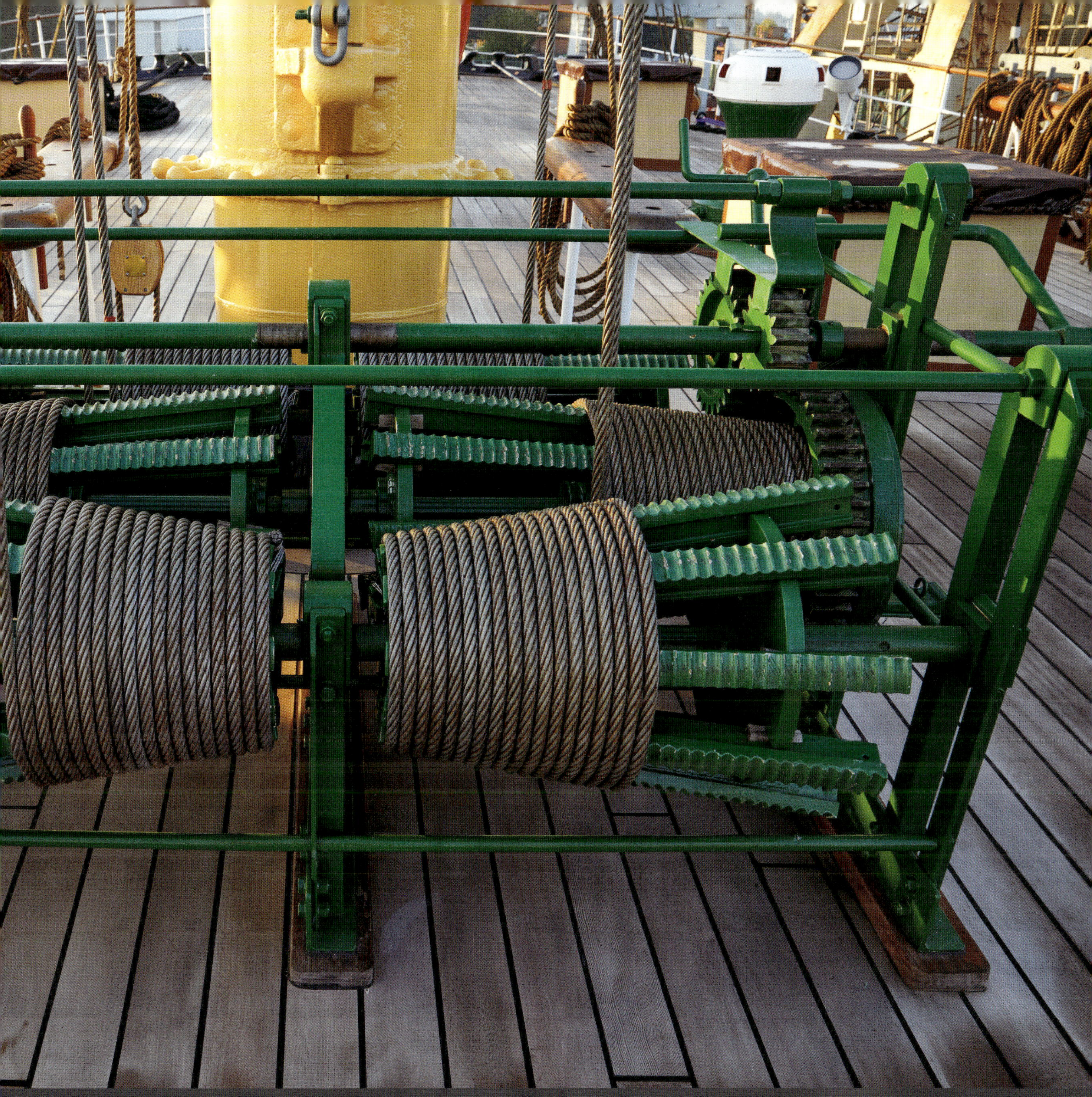

Mit der für die Zeit um 1911 hochmodernen Brasswinde ließen sich die unteren drei Rahen eines Mastes in kurzer Zeit und mit viel geringeren Krafteinsatz als auf anderen Schiffen optimal zum Wind drehen.

Die Riggerin Laura Lühnenschloß beim Lichttest an einem der Masten.

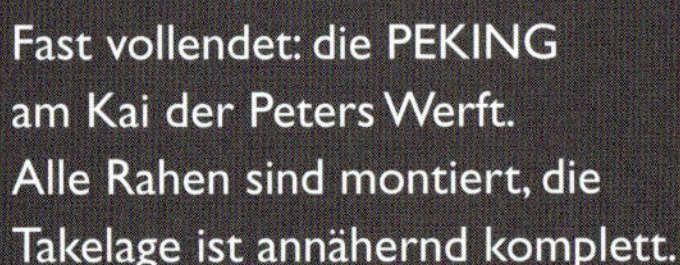

Fast vollendet: die PEKING am Kai der Peters Werft. Alle Rahen sind montiert, die Takelage ist annähernd komplett.

Die neu gebauten Windhutzen rahmen das Kartenhaus mit dem davorliegenden Oberlicht über dem Kapitänssalon ein.

Die Unterwanten und Nagelbänke im Morgenlicht über der Stör. Das Skylight über dem Salon des Kapitäns wurde in der Tischlerwerkstatt komplett überarbeitet.

Das Doppelsteuerrad des Großseglers am Notsteuerstand wurde aufwendig restauriert; das Hauptsteuerrad vor dem Kartenhaus komplett neu gefertigt: Er war bei der Übergabe in New York nicht mehr vorhanden.

Mit dicken Knoten aus Stahldraht werden die Enden der Brassen gesichert.

PEKING

WIEDER-GEBURT EINER LEGENDE

Es mussten viele glückliche Faktoren zusammenkommen, damit die PEKING nicht in New York verschrottet wurde, sondern nach jahrelangen Verhandlungen und sorgfältigem Wiederaufbau die Heimfahrt in ihren einstigen Heimathafen Hamburg antreten konnte. Und dann erst begann die eigentliche Arbeit.

Auch nach der Restaurierung wird der Rumpf der PEKING zu instabil sein für eine Fahrt aus eigener Kraft. Um dennoch ein Bild von ihrer Pracht zu vermitteln, hat sie der Hamburger Illustrator Tim Wehrmann virtuell unter Segel gesetzt.

Illustrationen: **Tim Wehrmann**
Text: **Peter-Matthias Gaede**

Kommt ein Schrottschiff aus New York die Elbe hinauf, und alle Vernunft müsste nahelegen: Man hätte es vielleicht besser in eine Abwrackwerft schleppen sollen. Oder es den Malediven zum Geschenk machen sollen und dort versenken lassen, auf dass sich Tauchtouristen später an den Fischkolonien erfreuen könnten, die durch seinen zerfressenen Stahlleib fluten.

Es ist tatsächlich ein verrottendes Monstrum, das da am 2. August 2017 nach einer zwei Wochen dauernden Atlantiküberquerung von Bord des Dockschiffs COMBI DOCK III in Brunsbüttel ins Wasser gelassen wird. Noch gerade schwimmfähig, aber manövrierfähig schon lange nicht mehr, wird die Rostlaube von Schleppern durch das Stör-Sperrwerk zur Peters Werft in Wewelsfleth gezogen.

Und noch bevor alles das entdeckt wird, was in den folgenden Jahren an diesem Sanierungsfall zu tun sein wird, steht fest: Das wird hart. Das wird unglaublich viel Arbeit erfordern, einen immensen Materialaufwand, jede Menge Recherche, Ingenieurintelligenz, Handwerkskunst. Und Geduld. Und Geld.

Aber es ist die PEKING! Es ist nicht irgendein Schiff, es ist eine Legende, eines der letzten Exemplare aus der großen, vor rund 90 Jahren zu Ende gegangenen Zeit der Frachtsegler. Und deshalb gibt es eine ganze Reihe von Männern, die sich verliebt haben in das Schiff.

Allen voran Reinhard Wolf, Gründer des Vereins »Freunde der Viermastbark PEKING e. V.«, und sein Nachfolger als Vereinsvorsitzender: Mathias Kahl, Sohn eines Kapitäns, der einst als Schiffsjunge auf der PEKING begann. Sie träumen schon seit Jahrzehnten von deren Heimholung nach Hamburg. Aus dem Traum wird Wirklichkeit, als die Hamburger Bundestagsabgeordneten Johannes Kahrs (SPD) und Rüdiger Kruse (CDU) schließlich einen Beschluss des Haushaltsausschusses initiieren, der am 12. November 2015 für ein geplantes Deutsches Hafenmuseum in Hamburg 120 Millionen Euro bewilligt, 26 Millionen davon für die Repatriierung und Restaurierung der PEKING.

Für die Sanierung des maroden Schiffs wird die »Stiftung Hamburg Maritim« Eigentümerin der PEKING. Und damit kommt neben den Profis der Peters Werft ein weiterer Mann ins Spiel, Joachim Kaiser, Inhaber

Grandioser Großsegler: Blick von Steuerbord auf das Kommandodeck der virtuellen PEKING.

eines Kapitänspatents, Mitglied im Vorstand der Stiftung, der zwar anfangs skeptisch ist, vier Jahre später aber sagen wird: Der Viermaster habe derart vom ihm »Besitz ergriffen«, dass er an »nichts anderes mehr« habe denken können.

Was im Spätsommer 2017 auf der Peters Werft beginnt, ist deshalb eine Rettungsaktion, wie sie vielleicht nie zuvor an einem Schiff dieser Größe und dieses Alters vollzogen worden ist. Im Jahr 1911 haben der Werft Blohm+Voss noch 69 Seiten »Bauvorschrift eines stählernen Viermast-Bark-Schiffes« inklusive der Inventarlisten gereicht, um die PEKING zur Zufriedenheit des Auftraggebers auszuliefern. Ein reichliches Jahrhundert später ist die Ausschreibung für die Restaurierung 380 Seiten lang, allein die unter der Regie des Ingenieurbüro Detlev Löll abzuarbeitende To-do-Liste umfasst etwa 300 Seiten.

Eine positive Überraschung gibt es zwar gleich zu Beginn: Der stählerne Unterwasserkörper des Windjammers ist in besserem Zustand als befürchtet, noch elf bis 14 Millimeter dick, was dazu beiträgt, den Notfallplan fallenlassen zu können, das gesamte Unterwasserschiff auf etwa anderthalb Meter Höhe abzutrennen und es komplett neu zu bauen.

Doch es überwiegen böse Entdeckungen. Vor allem in Höhe der Wasserlinie ist der Stahlkörper der PEKING derart beschädigt, dass er umfangreich erneuert werden muss. Dort und an anderen Stellen, vor allem dem vielfach durchlöcherten Hauptdeck, werden etwa 960 Quadratmeter Stahl ausgetauscht.

Im Anstrich des Schiffes, obwohl erst 1987 letztmals erneuert, finden sich überdies Asbest und Bleimennige. Nur unter strengen Sicherheitsvorkehrungen für die wochenlang unter Vollschutz arbeitenden Konservierer lassen sie sich entfernen.

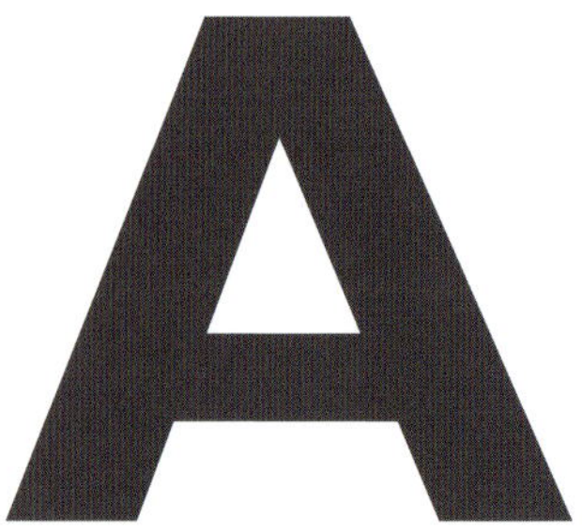

Anderes haben die Projektbeteiligten schon länger kommen sehen; auch auf Fotos aus New York, wo die PEKING an einem Pier am East River 40 Jahre lang vergammelt ist: Manches unter Deck sieht aus wie eine Tropfsteinhöhle aus Metall.

Heruntergebrochene Rohrleitungen, vermüllte Sanitäranlagen, modernde Zwischenwände, zerfetzte Hölzer: Alles muss weg. Dazu die gesamte nach 1932 eingebaute Raumstruktur aus der Zeit, in der die PEKING unter dem Namen ARETHUSA als Internatsschiff in England diente. Denn der ehemalige Frachtsegler soll in den Zustand von etwa 1927 zurückversetzt werden, in jene Zeit, in der er ein erfolgreiches Arbeitsschiff war, roh, rau und ohne Firlefanz.

GUT 100.000 ARBEITSSTUNDEN HABEN ALLEIN SCHLOSSER, SCHWEISSER UND TISCHLER FÜR DIE WIEDERAUFERSTEHUNG DES GROSSSEGLERS GELEISTET.

Über viele Monate hinweg kann in Wewelsfleth also erst einmal nur abgerissen statt aufgebaut werden. Unter anderem muss die Betonschicht aufgebrochen werden, die nachträglich als Ballast in die PEKING gegossen wurde. Als Frachtschiff hatte sie bei Leerfahrten einst 1.000 Tonnen Ballast benötigt, um nicht umzukippen. Beton aber hatte sie einst nur ganz unten im »Kielschwein«, darüber aber Sand, der herausgeschaufelt werden konnte, wenn Ladung an Bord genommen wurde. Als sie dann nicht mehr auf großer Fahrt war, hatten die Engländer mit Schutt, Geröll, Alteisen (darunter wohl auch die Beine des ehemaligen Kapitänstischs) und vor allem zusätzlichen Betonstrukturen für Stabilität gesorgt – und so dem originalen Laderaum, einer 85 Meter langen Kathedrale im Bauch des Schiffes, seine Authentizität genommen.

Heikler noch die Aufarbeitung der Masten. Alle vier, die jeweils über 23 Tonnen wiegenden Fockmast, Großmast, Kreuzmast sowie der Besanmast, sind noch erhalten, als die PEKING auf die Stör geschleppt wird. Aber wie sehr ist ihrer Festigkeit noch zu trauen? Immerhin messen die drei großen, Fock-, Groß- und Kreuzmast, mitsamt der in Wewelsfleth wieder ergänzten Stengen 57 Meter Höhe über Wasserlinie, ragen knapp 52 Meter über Deckshöhe hinaus. Und ihr Umfang ist zwar gewaltig, 2,60 Meter bei Decksdurchführung, wie aber steht es um die Stärke ihrer stählernen Wände?

Die Masten, allesamt leicht achteraus getrimmt, also in Neigungswinkeln zwischen 1,5 und drei Grad von der Senkrechten nach achtern abweichend, müssen mit Hydraulikpressen aus ihrer Verankerung gelöst werden. Der erste Kran, der sie an Land hieven soll, erweist sich als unzulänglich für die diffizile Operation. Schließlich werden die Masten in eine Halle verbracht

Details von den Decks: An den Masten sind die grün lackierten Brasswinden zu erkennen, mit deren Hilfe die Mannschaft die Rahen mit den daran befestigten Segeln horizontal um den Mast schwenken und sie so für den maximalen Vortrieb trimmen kann.

und dort genauer untersucht. Ergebnis von Ultraschallmessungen und Belastungsanalysen: Vor allem Ringteile an den aus drei Schalen zusammengebauten und vernieteten Masten müssen ausgewechselt werden, weil der Stahl dort zum Teil nur noch eine Stärke von vier bis fünf Millimetern hat.

Was ist noch rettbar, was für immer verschwunden? Noch original vorhanden sind zwei der 18 Rahen, der bis zu 29 Meter langen und teils fast fünf Tonnen schweren Spieren quer vor den Masten der PEKING. Jede Rah: ein Puzzle aus 400 Einzelteilen, einst aus konisch geformten Rohrsegmenten in einer Nietkonstruktion zusammengefügt. In der originalen Bauweise von 1911 lassen sie sich nicht mehr herstellen; die vorhandenen Zeichnungen aus dem vergangenen Jahrhundert sind schwer zu interpretieren, stimmen in Details nicht mit den beiden noch vorhandenen Rahen überein. Schließlich findet sich eine niederländische Firma, die neue Rahen vorfertigen kann – allerdings verschweißt, weil für die ursprüngliche Nietkonstruktion das Know-how nicht mehr vorhanden ist.

Auch drei der einst vier Ladeluken der PEKING, in der Internatszeit verschlossen, müssen gänzlich rekonstruiert werden. Und eine ganz besondere Herausforderung sind die 1932 demontierten und vermutlich bei einem Schrotthändler gelandeten Brasswinden, die es erlaubten, das Schiff mit einer Besatzung von nur reichlich 30 Mann zu fahren. Die Winden waren eine Erfindung des Schotten J. C. B. Jarvis, der als Kapitän ein Mann der Praxis war. Sie erlaubten es, bei Segelmanövern alle Rahen eines Mastes gleichzeitig horizontal zu bewegen; sie also nicht mehr einzeln brassen zu müssen.

Während Jarvis in seiner Heimat keinen Erfolg mit seiner Innovation hatte, ließ die Reederei Laeisz alle ihre

Frachtsegler mit den neuartigen Brasswinden ausstatten. Fortan genügten zwei bis vier Mann an den Kurbeln, um die Manöver binnen weniger Minuten zu erledigen.

Im Lauf der Restaurierung findet sich schließlich eine kleine niederländische Spezialfirma, erfahren in Sonderanfertigungen, die die Brass- oder »Jarvis«-Winden nachbaut – und damit eines jener Ausstattungselemente, mit denen die PEKING zu einem der bewunderten »Flying-P-Liner« wurde.

Neu hergestellt werden auch die Gaffeln am Besanmast: gefertigt aus Douglasien, die im Forst Rosengarten im Landkreis Harburg geschlagen werden; gepflanzt vermutlich noch in der Bismarck-Zeit. Und nachgebaut werden müssen die Laufbrücken, mit denen die Back, das Brückenhaus und die Poop des »Drei-Insel-Schiffes« einst verbunden waren, was es erlaubte, das bei schwerem Wetter von Brechern überspülte Hauptdeck einigermaßen gefahrlos überqueren zu können.

Teils nachgebaut, teils neu gefertigt werden die Windhutzen – jene Trichter, durch die Frischluft in die Räume darunter geriet. Neu geschweißt werden müssen die »Schweinehocken«: die beiden fest installierten Zwinger für die früher an Bord gehaltenen Frischfleisch-Reserven. Längst verschwunden sind die drei originalen Rettungsboote und das kleinere Kapitänsboot von einst, noch vorhanden sind Poller und Ankerwinde.

Dutzende Bullaugen, die dem Frachtensegler erst in den Stahlleib geschnitten wurden, als er nicht mehr auf großer Fahrt war, müssen wieder geschlossen werden, jene aber, die er schon immer in den drei Aufbauten hatte, werden poliert und mit neuem Glas versorgt. Und wo schon sämtliches Originalmobiliar seit Jahrzehnten perdu ist, machen sich die Schiffbauer daran, wenigstens die ursprünglichen Grundrisse der Kapitäns- und Mannschaftsräume zu rekonstruieren.

Der Laderaum der PEKING mit einem der zwei Wassertanks. Darüber ist das Zwischendeck zu erkennen und ganz oben die offene Ladeluke. Die Mannschaftsunterkünfte waren spartanisch, der Kapitänssalon dagegen hanseatisch elegant ausgestattet – allerdings womöglich mit Drehstühlen, doch das lässt sich heute nicht mehr klären.

Der Viermaster aus der Vogelperspektive. Deutlich sind die Ausmaße des Brückendecks zu erkennen, unter dem die Kabinen für Offiziere und Mannschaften sowie der Kapitänssalon untergebracht waren.

Es ist also eine Kombination aus Fleißarbeit und Tüftelei, die der PEKING möglichst viel von ihrer alten Aura zurückgeben soll. Doch dazu gehört auch, ihre ursprüngliche Struktur wieder freizulegen und die Narben auf ihrer Haut nicht zu überdecken – wie auch die Entscheidung, die notwendigen Eingriffe nicht zu camouflieren: Wo geschweißt wurde, was nicht mehr genietet werden konnte, soll es gesehen werden können. Wo ein Frischwassertank stand, den es nicht mehr gibt, soll dies nicht verschwiegen werden.

Umso mehr Sorgfalt widmen vor allem die Tischler und Maschinenbauer den wenigen repräsentativen Schaustücken des ansonsten ohne jeden Pomp auskommenden einstigen Arbeitsschiffes: etwa der noch vorhandenen Notsteueranlage auf dem Poopdeck mit ihrer Teakholz-Abdeckung (die Hauptsteueranlage mittschiffs muss gänzlich neu gebaut werden). Oder dem zeltartigen, mit Ornamentik in den Milchglasscheiben verzierten Skylight, das durch neun Fenster Licht in den Kapitänssalon darunter brachte. Und ganz besonders dem mit Kassettenwänden ausgestatteten Kartenhaus auf dem Brücken- oder Hochdeck, in dem einst die nautischen Instrumente, die Seekarten und die Handbücher verstaut waren – und in dem auch ein kleiner Ofen und ein Pullmann-Sofa für den Kapitän standen.

Die Oberlichtkonstruktion des Skylights und das Kartenhaus sind die einzigen Großgegenstände aus Holz, die auf der Viermastbark überdauert haben – vor allem wohl, weil sie aus Teakholz sind, verrottungsbeständig.

Das einst im Inneren mit hölzernen Diagonalkonstruktionen »ausgesteifte« Kartenhaus hielt nicht nur Spritzwasser und Gischt stand, sondern auch der »grünen See«, wie Seeleute es nennen – Wellen, die selbst in dieser Höhe in voller Stärke an Deck schlagen.

Aber als die PEKING zur Peters Werft kommt, ist die Decke des Kartenhauses nicht mehr zu retten, durch mehrere Lagen Teerpappe leckt das Wasser, die alten Schiebefenster, unter denen Bleiwannen als Tropfbecken fungierten, sind teils nicht mehr vorhanden, wie so vieles, was es einst an Bord gab.

Unter den reichlich 100.000 Arbeitsstunden, die allein von den Schlossern, Schweißern und Tischlern für die Wiederauferstehung des Großseglers geleistet werden, haben die Holzarbeiten deshalb ein besonderes Gewicht: Nachdem später aufgetragene Lackschichten entfernt sowie einzelne Speichen der Steuerruder neu gedrechselt worden sind und das Teakholz bis zu 15 Mal geölt worden ist, fördern sie schiere Schönheit zutage.

Neuen Glanz sollen auch die verrotteten Decks erhalten. Mit 3-D-Scannern werden sie vermessen, in einem bayrischen Werk die Korkträger auf dem genieteten Stahlboden und die darüber liegenden Hölzer zugeschnitten, dann wie ein Puzzle auf der PEKING verlegt: 1.500 Quadratmeter Oregon Pine. Vielleicht nur von Experten gewürdigt, wichtig aber für den dauerhaften Erhalt des Decks: Auch bei der Neuverlegung des Bodens wird peinlich darauf geachtet, dass das sogenannte »Hirnholz«, also die quer verlaufenden Schnittstellen der Hölzer, nicht auf Metall treffen. Weil dort Wasser in sie eindringen könnte, umkränzen die Decksleger alle stählernen oder gusseisernen Strukturen mit zumeist tropischen Hölzern, »Leibhölzern«, die nur mit ihren wasserundurchlässigen Längsseiten das Metall berühren.

Etwa 100 Männer und auch einige Frauen sind zwischen August 2017 und Mai 2020 mit der Wiederauferstehung des Windjammers befasst: 40 Werftarbeiter in diversen Gewerken, rund 20 Konservierer, die 27 Tonnen Farbe verstreichen, zehn Decksleger – sowie in der Projektsteuerung gut zehn Vertreter von Werft, Bauaufsicht und Stiftung.

Und dann ist da noch das 17-köpfige Rigger-Team für die Takelage, das dem Schiff in annähernd 20.000 Arbeitsstunden sein »Stehendes« und »Laufendes Gut« wiedergibt – all die Wanten, Stagen und Pardunen, die Brassblöcke, die Drahtseile, das Fasertauwerk, die Ausrüstung der Masten und Rahen, die »Springpferde«, »Nockpferde«, »Fußpferde«, kurz: jenes Geflecht, das sich gegen den Himmel ausnimmt wie ein gigantischer Schnittmusterbogen.

Fast 22 Kilometer ist es insgesamt lang. Mehr als 100 Lieferanten sorgen für die benötigten Einzelteile.

Das Brückendeck der PEKING mit dem Kartenhaus und dem mächtigen Doppelsteuerrad am Hauptsteuerstand.
Halb verdeckt vom Tauwerk ist die grün lackierte Brasswinde zu erkennen.

Und am Ende werden die Rigger inklusive der Masten und Rahen rund 175 Tonnen Material installiert haben – von den »Mastgärten« bis zu den Schäkeln, von den bis zu 40 Kilogramm wiegenden Spannschrauben bis zu den Bronzeendkappen der Masten.

Es ist Traditionshandwerk, was die Teams von »Georg Albinus Boatbuilding & Rigging« und »Oevelgönner Tauwerkstatt« leisten. Helfer aus Dänemark, Irland und Norwegen, aus Südafrika und den USA, aus Ungarn und Mazedonien kommen hinzu, um über Wochen hinweg im alten Hamburger Hafenmuseum das Drahttauwerk der PEKING aufzuarbeiten; die zuvor gekappten und geöffneten »Augen« am Ende der Drahtseile neu »einzubändseln«; die Stahlseile mit Schmierfett und holzteergetränktem Tuch und Garn zu konservieren.

Dann, Mitte Mai 2020, hat der Viermaster endlich eine Verfassung, die den Puristen unter ihren Liebhabern vermutlich die angenehmste wäre. Alle Planken auf dem Hauptdeck sind neu verlegt, mit 14 Fässern Polyurethan-Dichtstoff verfugt und nur noch nicht final abgeschliffen. Alle »Kneifbändsel« in den Wanten gesetzt. Alle »Schweißlatten« im Laderaum, die einst verhinderten, dass die Salpetersäcke in Kontakt mit Kondenswasser kamen, durch 3.500 laufende Meter Kiefernholz ersetzt. Die Krull, eine Mini-Galionsfigur am Bug, mit dem »FL«-Logo der Reederei Ferdinand Laeisz neu zum Strahlen gebracht. Die Pfeilornamente an Bug und Heck aufgefrischt. Die Takelage komplett.

Kurz: Das Gesamtkunstwerk all derer, die die Grundstruktur der PEKING so vor sich sehen wollen, wie sie vor ihrer Ausmusterung als Frachtsegler war, ist nahezu vollendet.

Nicht 26 Millionen Euro, das zeichnet sich in diesem Moment schon ab, wird es gekostet haben, sondern 38 Millionen.

Darin enthalten allerdings auch die nun noch folgende »Ertüchtigung« des Großseglers als Bestandteil des geplanten Hafenmuseums, mithin als begehbares Museumsschiff, als touristische Attraktion. Nicht mehr unbedingt etwas für die Romantiker: Um Rampen, einen gläsernen Fahrstuhl, Feuermelder geht es nun; um Lampen, Fluchtweghinweise und Eventtechnologie.

Nur Segel wird es nicht geben. Denn wenn die PEKING ihren endgültigen Liegeplatz im Hamburger Hafen gefunden haben wird, wird sie sich lebenslang nicht mehr von der Stelle bewegen. Nie mehr also werden die über 4.000 Quadratmeter schweres »Star-« und »Sturmtuch« zu sehen sein, die sich einst blähten, wenn der Windjammer in voller Fahrt nach Chile segelte.

Oder vielleicht doch wenigstens eines der Segel. Ein Freiwilligen-Team der auf den finnischen Åland-Inseln liegenden Bark POMMERN soll sich, so erzählt man es sich auf der Peters Werft, bereit erklärt haben, es in traditioneller Technik herzustellen – ausschließlich in Handarbeit, wie es einst üblich war. Freunde hat die PEKING offenbar weit über Hamburg hinaus. IIII

1. Untere Gaffel
2. Besanbaum
3. Poopdeck
4. Poop
5. Zwischendeck
6. Laderaum
7. Brasswinde
8. Motor zum Be- und Entladen
9. Salon

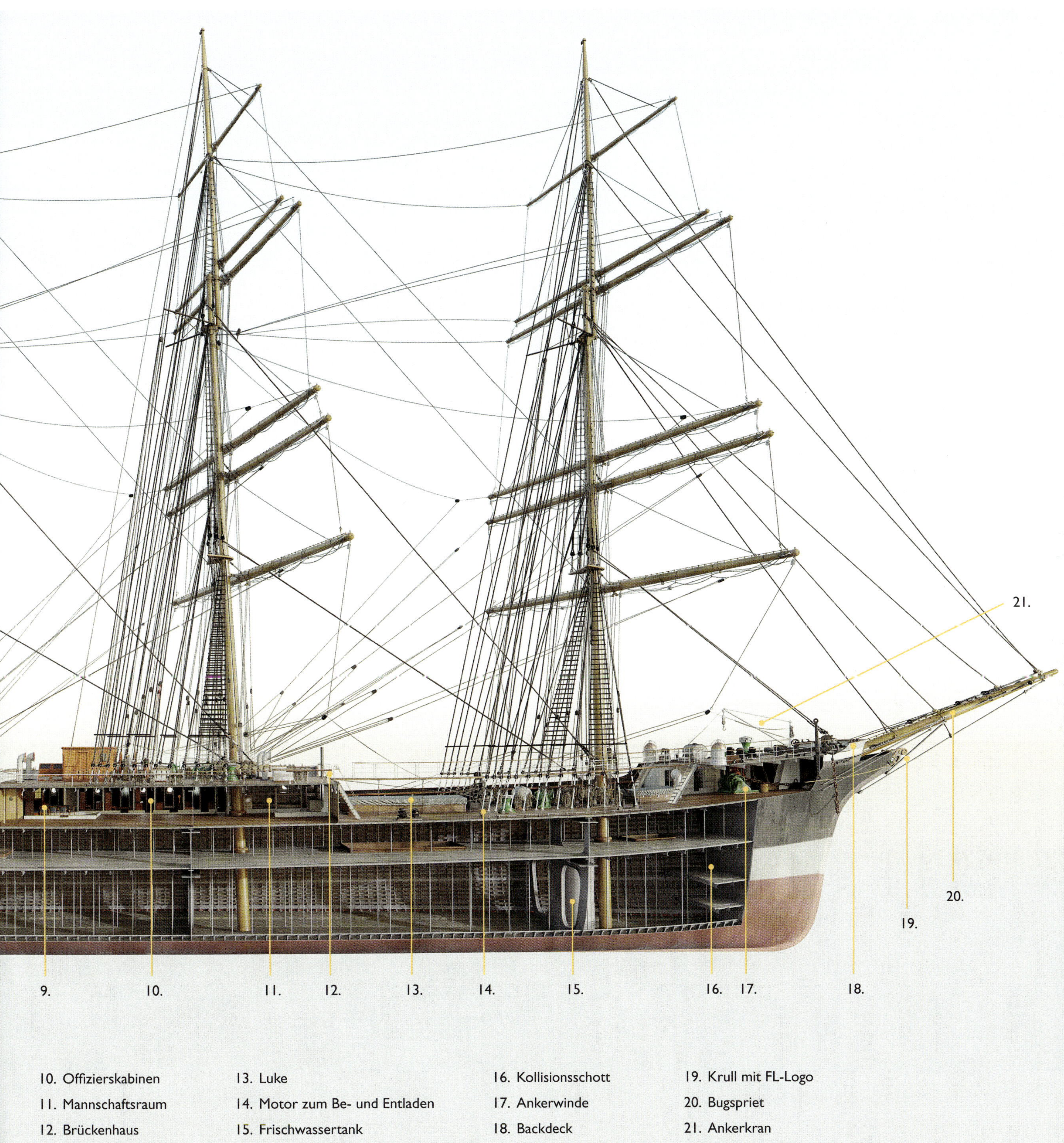

10. Offizierskabinen
11. Mannschaftsraum
12. Brückenhaus
13. Luke
14. Motor zum Be- und Entladen
15. Frischwassertank
16. Kollisionsschott
17. Ankerwinde
18. Backdeck
19. Krull mit FL-Logo
20. Bugspriet
21. Ankerkran

Die PEKING im Aufriss. Neben dem Innenleben des Großseglers ist hier auch seine Betakelung zu sehen: dass er nur an den vorderen drei Masten Rahen trägt, am Besanmast dagegen Gaffelsegel, die in Richtung der Schiffslängsachse gesetzt werden.

HEIM KEHR

Nach drei Jahren Restaurierung zieht am frühen Morgen des 7. September 2020 ein Schlepper die PEKING vorsichtig vom Kai der Peters Werft und wendet sie auf der schmalen Stör in Richtung Elbe.

Es ist ein bewegender Moment, als die PEKING am Morgen des 7. September 2020 nach gut drei Jahren Restaurierung von Schleppern über die Stör und die Elbe nach Hamburg gezogen wird. In Zukunft soll sie als Museumsschiff im Hafen der Hansestadt liegen. Sie ist neben der POMMERN (im finnischen Mariehamm), der PASSAT (in Travemünde) und der PADUA (heute KRUZENSHTERN) einer von nur noch vier existierenden Flying-P-Linern der Reederei Laeisz – und nun ein weiteres Wahrzeichen der Freien und Hansestadt.

Mit höchster Präzision wird die PEKING durch das Sperrwerk der Stör gesteuert, das dem Segelschiff links und rechts jeweils nur etwa 1,50 Meter Raum lässt.

Zwei Schlepper bugsieren den Viermaster auf der Elbe langsam in Richtung Hamburg. Der übrige Schiffsverkehr auf dem Fluss ist für mehrere Stunden stark eingeschränkt.

Der im Durchschnitt gut 5 Meter hohe und rund 14 Meter breite Laderaum der PEKING. Hier lagen einst, pyramidenförmig gestapelt, die Säcke mit dem wertvollen Salpeter.

Ein Feuerlöschboot des Hamburger Hafens feiert die Heimkehr der Viermastbark mit meterhohen Fontänen.

Das mehr als 100 Meter lange Zwischendeck der PEKING. Die Geländer rund um die Ladeluke sind zum Schutz der Museumsbesucher installiert werden.

Hamburg begrüßt sein neues Wahrzeichen. Am Abend des 7. September erreicht der Frachtsegler den Hamburger Hafen. Im Hintergrund ist Blohm + Voss zu erkennen – jene Werft, auf der die PEKING 109 Jahre zuvor gebaut worden ist.

FAIRPLAY VIII
PRIMUS
WILHELMINE

PEKING

Die PEKING am Kai des Hamburger Hafenmuseums am Schuppen 50. Bis zur Fertigstellung des neu geplanten Deutschen Hafenmuseums ein paar hundert Meter entfernt wird das Schiff hier zu bewundern sein – als ein Prachtexemplar Hamburger Schiffbaukunst.

GESICHTER

Mehr als 100 Fachleute der Peters Werft sowie weiterer Firmen arbeiteten insgesamt fast drei Jahre an der PEKING. Stellvertretend für alle Gewerke werden hier zwölf vorgestellt – sowie acht Männer und eine Frau, die aus etwas größerer Entfernung entscheidend beteiligt waren.

Georg Albinus
Der gelernte Bootsbauer hatte die Aufsicht über das Team, das die Arbeiten am Rigg ausführte, also dem Stehenden und Laufenden Gut.

Thorge Averhoff
Der Schiffbaumeister ist seit 1994 bei der Peters Werft und war Co-Projektleiter für die Arbeiten an der PEKING.

Jochen Gnass
Inhaber der Oevelgönner Tauwerkstatt. War gemeinsam mit Georg Albinus verantwortlich für die Wiederherstellung der Takelage.

Michael Hein
Der Tischler war als Vorarbeiter der Peters Werft zuständig für die Restaurierung nahezu aller Holzteile auf der PEKING.

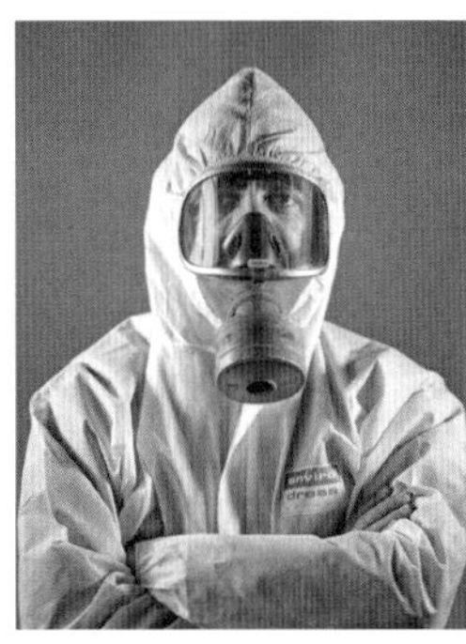

Moustafa Kiose
Der Mann im Schutzanzug kümmerte sich gemeinsam mit 20 Kollegen ums Sandstrahlen und Farbbeschichten der Eisen- und Stahlteile.

Detlev Löll
Der gelernte Schiffbauer hat mehr als 25 Jahre Erfahrung im Entwurf, der Konstruktion, der Fertigung und Begutachtung von traditionellen und modernen Yachten und Schiffen. Mit seinem Ingenieurbüro hatte er die Gesamtaufsicht über alle Arbeiten auf der PEKING.

Laura Lühnenschloß
Die Berufsmatrosin und Riggerin arbeitete gemeinsam mit einem Team von gut zehn Leuten an der Takelage der PEKING.

Jens Marjanczik
Hatte für das Ingenieurbüro Löll bis Mai 2019 die Bauaufsicht auf der PEKING.

Andreas Paul
Der Schiffbauer gehört zu dem insgesamt fast 40-köpfigen Team der Peters Werft.

Niklas Pfaff
Der gelernte Nautiker war auf der Peters Werft neben Thorge Averhoff als Projektleiter für die Restaurierung der PEKING verantwortlich.

André Schaffrin
Seine Firma IMO erhielt den Auftrag für alle Sandstrahl- und Beschichtungsarbeiten.

Lars Spieckermann
Der studierte Schiffs- und Meerestechniker ist Co-Geschäftsführer des Ingenieurbüros Löll und überwachte in dieser Funktion die Arbeiten auf der PEKING.

Dr. Carsten Brosda
Der Hamburger Kultursenator (SPD) ist politisch verantwortlich für die »Stiftung Historische Museen Hamburg« und das geplante Deutsche Hafenmuseum auf dem Grasbrook, schräg gegenüber der Elbphilharmonie – und damit auch für dessen Hauptattraktion, die PEKING.

Hans-Jörg Czech
Der promovierte und habilitierte Kunsthistoriker ist Leiter des Museums für Hamburgische Geschichte und Direktor der »Stiftung Historische Museen Hamburg«. Er wird den Betrieb des Hafenmuseums beaufsichtigen, das 2025 eröffnet werden soll: mit der PEKING direkt vor dem Eingang.

Mark Dethlefs
Der geschäftsführende Gesellschafter der Peters Werft hatte anfangs Zweifel, ob die Restaurierung der PEKING sinnvoll war. »Ich dachte: ›Hätten wir das Schiff mal lieber in New York gelassen.‹« 30 Monate und 38 Millionen Euro später aber ist er ungemein stolz auf das Ergebnis.

Mathias Kahl
Der Reedereikaufmann, dessen Vater noch selbst auf der PEKING fuhr, ist Vorsitzender des »Vereins der Freunde der Viermastbark PEKING«. Dessen Mitglieder werden sich nach der Rückkehr des Museumsschiffs in seinen Heimathafen um den Betrieb kümmern.

Johannes Kahrs
Der SPD-Politiker bis zu seinem Rücktritt im Mai 2020 Mitglied im Haushaltsausschuss des Bundestages – hat gemeinsam mit seinem CDU-Kollegen Rüdiger Kruse erreicht, dass der Bund 178 Millionen Euro für das Hafenmuseum bereitstellt, darunter 38 Millionen Euro für die PEKING.

Rüdiger Kruse
Neben Johannes Kahrs ist Kruse (CDU) der entscheidende Fürsprecher des Deutschen Hafenmuseums. Der Neubau auf dem Grasbrook soll das bisherige Hafenmuseum ergänzen, das in jahrzehntealten Gebäuden an den sogenannten »50er Schuppen« im früheren Freihafen untergebracht ist.

Ursula Richenberger
Die Kulturwissenschaftlerin ist Projektleiterin des geplanten Deutschen Hafenmuseums auf dem Grasbrook. Sie hofft auf 300.000 Besucher im Jahr – fast zehnmal so viele, wie jetzt alljährlich den Weg zum Hafenmuseum an den »50er-Schuppen« finden.

Nikolaus H. Schües
Schües leitet die Reederei F. Laeisz und ist Kuratoriumsmitglied der »Stiftung Hamburg Maritim«, die die Restaurierung der PEKING beaufsichtigte. Auch heute noch beginnen die Namen fast aller Laeisz-Schiffe mit dem Buchstaben »P« – wie seit mehr als 150 Jahren.

Reinhard Wolf
Der frühere Syndikus der Handelskammer Hamburg war eine treibende Kraft beim Kauf der PEKING. Er erarbeitete mehrere Konzepte für Transport und Restaurierung, gehörte zu den Gründern der »Stiftung Hamburg Maritim« und des Vereins der »Freunde der Viermastbark PEKING«.

Joachim Kaiser
Vorstandsmitglied der »Stiftung Hamburg Maritim« – und eine der treibenden Kräfte hinter der PEKING-Restaurierung.

Die Retter der PEKING

JOACHIM KAISER UND DIE »STIFTUNG HAMBURG MARITIM«

»Es hat von mir Besitz ergriffen. Ich konnte an nichts anderes mehr denken als: Wie repariere ich dieses Schiff? Wie gehe ich da ran? Was ist da möglich?« Niemand wohl hat sich so intensiv mit der Wiederauferstehung der PEKING beschäftigt wie Joachim Kaiser, 72.

Der Buchautor, Experte für historische Schiffe und Inhaber eines Kapitänspatents ist 2001 Mitbegründer der »Stiftung Hamburg Maritim«, die sich zum Ziel macht, die besondere Beziehung der Hansestadt zur Schifffahrt museal zu bewahren. Schon 2002 besichtigt er die PEKING in New York mit dem Ziel, den Viermaster zurück nach Hamburg zu holen. Doch es dauert noch bis 2017, ehe die Stiftung den Großsegler erwerben kann und die PEKING 86 Jahre nach ihrem letzten Auslaufen aus dem Hafen der Hansestadt wieder die Elbe erreicht – wenn auch an Bord eines Dockschiffes.

In den folgenden drei Jahren verantwortet Kaiser im Auftrag der Stadt Hamburg und der Hamburger Kulturbehörde die Restaurierung der PEKING und beschäftigt sich selbst mit kleinsten Details – etwa dem richtigen Winkel, in dem der Name der PEKING an den Bug gemalt wird.

Im Mai 2020 ist seine Arbeit vollbracht, in doppeltem Sinn: Die wiederhergestellte PEKING wird an die »Stiftung Historische Museen Hamburg« übergeben – und Kaiser verabschiedet sich in den Ruhestand. Als Gutachter und Sachverständiger aber will er sich weiterhin um historische Schiffe kümmern. Und um sein ganz persönliches maritimes Projekt: eine hochelegante hölzerne Segelyacht.

Der gekürzte Textauszug Heinrich Hauser Seiten 80–91 mit freundlicher Genehmigung von »The Estate of Heinrich Hauser«
Der gekürzte Textauszug zur Äquatortaufe Seite 87 stammt aus:
Eric Newby: Das letzte Weizenrennen. Delius Klasing, Bielefeld 1967

Bibliografische Information der Deutschen Nationalbibliothek
Die Deutsche Nationalbibliothek verzeichnet diese Publikation in der Deutschen Nationalbibliografie; detaillierte bibliografische Daten sind im Internet über http://dnb.dnb.de abrufbar.

2. Auflage
ISBN 978-3-667-12109-7

Konzept und Produktion: Michael Schaper
Text: Peter-Matthias Gaede
Fotos: Heiner Müller-Elsner bis auf:
Seite 19 o: Lia Darjes; Seite 19 u.: Benne Ochs; Seite 20/21: Vintage Germany/Heinrich Vogt; Seiten 23, 24, 31, 55, 58, 59, 63 o., 65: Archiv Edition Maritim; Seiten 27, 33, 57, 61, 63 u., 80/81, 84, 85, 87, 88, 90: Royal Geographical Society/Eric Newby; Seiten 52/53: Vintage Germany/Slg. Uwe Ludwig; Seite 54: picture-alliance / dpa; Seite 56: ullstein bild / Carl Müller; Seite 83: ullstein bild; Seiten 86, 89, 91: The Estate of Heinrich Hauser
Illustrationen Seiten 130–141: Tim Wehrmann;
Zeichnungen/Karte Seiten 26, 27, 28, 35, 62: inch3, Bielefeld
Lektorat: Birgit Radebold, Petra Schomburg
Einbandgestaltung und Layout: Jörg Weusthoff,
Weusthoff & Reiche Design, Hamburg
Lithografie: Mohn Media, Gütersloh
Druck: Firmengruppe APPL – aprinta druck, Wemding
Printed in Germany 2021

Delius Klasing Verlag, Siekerwall 21, D - 33602 Bielefeld
Tel.: 0521/559-0, Fax: 0521/559-115
E-Mail: info@delius-klasing.de
www.delius-klasing

DANKSAGUNG

Das Buch-Team dankt

Joachim Kaiser: für die unermüdliche und kenntnisreiche Fachberatung. **Mathias** und **Angelika Kahl:** für die freundliche Aufnahme in den Kreis der PEKING-Freunde – und so vieles mehr. **Thorge Averhoff:** für die Hilfe beim Fotografieren auf der Werft. **Sebastian Dethlefs:** für die Erlaubnis, (fast) jederzeit auf der PEKING fotografieren zu dürfen. **Andreas Gondesen:** für die fachkundige Beratung beim Erstellen der Illustrationen. **Jens Marjanczik:** für die Fittiche, unter die er Heiner Müller-Elsner genommen hat. **Niklas Pfaff:** für die Hilfe bei großen und kleinen Problemen. Der **»stern«-Chefredaktion:** für den Auftrag, die Arbeit an der PEKING drei Jahre lang fotografisch zu verfolgen. Der **»Stiftung Hamburg Maritim«:** für den großzügigen Zugang zur PEKING. Den **Wachdienstmitarbeitern** der Peters Werft: dafür, dass sie die Reporter zu fast jeder Zeit hereingelassen haben.

Abendstimmung am Schuppen 50: Wohl noch bis mindestens 2025 wird die PEKING hier liegen.

ZEIT TA FEL

1911 Stapellauf der PEKING bei Blohm & Voss in Hamburg. Noch im gleichen Jahr macht sie ihre erste Salpeterfahrt für die Reederei Ferdinand Laeisz nach Chile.

1914 Nach Ausbruch des Ersten Weltkriegs wird die PEKING in Valparaiso, Chile, interniert.

1920 Das Schiff segelt mit einer Ladung Salpeter nach London.

1923 Die Reederei Laeisz kauft die PEKING für 8.500 Pfund zurück und schickt sie wieder auf Salpeterfahrt.

1932 Das Schiff wird nach England verkauft, dort zu einem Schulschiff umgebaut und ARETHUSA getauft, weil es schon ein englisches Schiff mit Namen PEKING gibt.

1939 Nach Kriegsbeginn wird der Segler von der Royal Navy übernommen und in PEKIN umbenannt.

1974 Die PEKING wird als Museumsschiff an das »South Street Seaport Museum« in New York verkauft.

2003 Erste Verhandlungen über einen Verkauf nach Hamburg scheitern an unterschiedlichen Preisvorstellungen.

2007 Erneuter Kontakt zwischen New York und Hamburg. Die »Stiftung Hamburg Maritim« lässt das Schiff untersuchen, um den Sanierungsbedarf festzustellen.

2012 Das »South Street Seaport Museum« wird insolvent.

2013 Weitere Verhandlungen scheitern. Das Schiff soll jetzt unentgeltlich abgegeben werden, doch in Hamburg fehlen Geldgeber für Transport und Sanierung.

2015 Der Haushaltsausschuss des Deutschen Bundestages unter Führung von Johannes Kahrs, SPD, beschließt die Bereitstellung von 26 Millionen Euro für die Restaurierung der PEKING. Weitere 94 Millionen Euro stellt der Bund für den Bau eines Deutschen Hafenmuseums in Hamburg zur Verfügung. Später schießt der Bund weitere 58 Millionen Euro nach.

2017 An Bord eines Spezialschiffes wird die PEKING nach Deutschland gebracht und für ihre Restaurierung in der Peters Werft in Wewelsfleth eingedockt.

2020 Nach Abschluss der Sanierung erreicht die PEKING am 7. September erstmals nach 88 Jahren wieder ihren Heimathafen Hamburg.